普通高等教育"十一五"国家级规划教材　　　新形态教材

普通动物学实验指导 第4版

主编　张雁云　郑光美

编者（按姓氏拼音排序）

程　红　邓文洪　董　路　郭冬生

王　宁　张雁云　郑光美

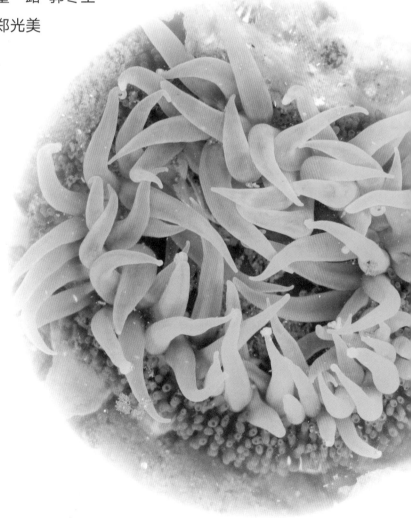

中国教育出版传媒集团

高等教育出版社·北京

内容简介

本教材内容体系注重读者对动物学基础知识(如形态与机能、分类、生物多样性等)和基本操作技能(包括观察、解剖、测量、生物绘图等)的掌握。教材共有 29 个实验,各实验按操作步骤先后顺序排列,能够指导读者按照实验程序独立进行动物观察或解剖。实验描述科学、规范,由表及里,兼顾局部与整体的观察、结构与机能的联系。部分实验设有一个或几个研究性小实验,供学有余力、有兴趣的学生选做。每个实验之后设有作业和拓展阅读材料,以扩大、深化有关知识,启发学生自主学习和创新意识。本教材配套的数字课程提供视频、自测题等资源,可供读者自主学习。

本教材可供综合、师范、农林、医学院校的本科生和研究生使用,也可供相关科研工作人员参考。

图书在版编目(CIP)数据

普通动物学实验指导/张雁云,郑光美主编. --4 版. -- 北京:高等教育出版社,2023.8(2024.7重印)
ISBN 978-7-04-058324-3

Ⅰ. ①普… Ⅱ. ①张… ②郑… Ⅲ. ①动物学 - 实验 - 高等学校 - 教材 Ⅳ. ① Q95-33

中国版本图书馆 CIP 数据核字(2022)第 035204 号

PUTONG DONGWUXUE SHIYAN ZHIDAO

策划编辑	王 莉	责任编辑	靳 然	封面设计	张 楠
版式设计	张 楠	责任印制	存 怡		

出版发行	高等教育出版社	网 址	http://www.hep.edu.cn	
社 址	北京市西城区德外大街4号		http://www.hep.com.cn	
邮政编码	100120	网上订购	http://www.hepmall.com.cn	
印 刷	肥城新华印刷有限公司		http://www.hepmall.com	
开 本	787mm×1092mm 1/16		http://www.hepmall.cn	
印 张	16.75	版 次	1979 年 4 月第 1 版	
			2023 年 8 月第 4 版	
字 数	330 千字	印 次	2024 年 7 月第 3 次印刷	
购书热线	010-58581118	定 价	53.60元	
咨询电话	400-810-0598			

数字课程（基础版）

普通动物学实验指导

（第4版）

主编　张雁云　郑光美

登录方法：

1. 电脑访问 http://abooks.hep.com.cn/58324，或手机微信扫描下方二维码以打开新形态教材小程序。
2. 注册并登录，进入"个人中心"。
3. 刮开封底数字课程账号涂层，手动输入 20 位密码或通过小程序扫描二维码，完成防伪码绑定。
4. 绑定成功后，即可开始本数字课程的学习。

绑定后一年为数字课程使用有效期。如有使用问题，请点击页面下方的"答疑"按钮。

新形态教材网 Abooks

关于我们 ｜ 联系我们　　　🔲　　登录/注册

普通动物学实验指导（第4版）

张雁云　郑光美

开始学习　　　收藏

　　普通动物学实验指导（第4版）数字课程与纸质教材配套使用，是纸质教材的拓展与补充。数字课程内容包括视频、自测题等拓展学习内容，便于广大教师教学和学生自主学习。

http://abooks.hep.com.cn/58324

扫描二维码，打开小程序

第 4 版前言

本实验教材自第 1 版 1979 年出版以来，历经两次修订，以其简明和实用的特点，较好地满足了各高校动物学实验教学需求。随着近年来动物学实验课时的减少，原有实验教材编排的任务量偏大，学生依据文字描述去逐一观察结构、完成实验的时间相对不足。基于培养学生动物学实验厚基础和强技能、保证动物学实验教学体系完整、鼓励学生探索和拓展的指导思想，本版实验教材在内容组织、实验动物选用、实验配图方面进行了如下修订。

1. 在重视基础知识和基本操作技能训练的前提下，加强实用性和简明性。各实验的操作部分按实验操作步骤的顺序排列，并指导学生按实验程序独立地进行观察和解剖。解剖操作注意科学、规范、由表及里，兼顾局部与整体的观察和结构与机能的联系。对于比较复杂、观察难度较大的动物结构，书中给出了原位解剖观察、局部放大的彩色照片，以及部分解剖模式图，让初学者能快速识别、定位相关器官，便于后续的解剖和观察。

2. 随着全民野生动物保护意识的提升和野生动物保护工作的不断推进，一些传统教学中用于解剖观察的动物（如蟾蜍）受到限制。考虑到实验材料获得的便利性，以及增强学生实验的兴趣等因素，本书在保证夯实基础知识学习和基本操作技能的情况下，拓展和选取了新的实验动物，同时将秀丽隐杆线虫、四膜虫等常用模式动物引入示范实验中，为后续学习提供支撑和积累。

3. 各实验都有实验提示，对本实验的技术难点、操作要点、注意事项等进行了提示。在实验操作描述中设置了一些思考题，每个实验后设有作业题目启发思维，培养学生独立思考能力。各实验均备有供拓展和延伸学习的参考文献，以扩大、深化有关知识，提高学生自主学习能力和创新意识。本教材配套的数字课程为纸质教材的拓展与补充，包含解剖操作视频等拓展学习内容，可供深入学习与教学参考。

由于本书第 3 版的编者大多已离开实验教学岗位多年，本次修订新邀请了几位活跃在教学一线的中青年教师参编。第 4 版编写分工如下：实验 1 ～ 5、25，董路；实验 6 ～ 13、16、17、19，张雁云；实验 14、15、18、20、23、29，王宁；实验 26 ～ 28，程红；实验 21、22、24，邓文洪；附录Ⅰ～Ⅱ，郭冬生。书中所呈现的照片，除特别标注拍摄者名称的以外，解剖和展示由张雁云、王宁、郭冬生、董路完成，摄影由郭冬生、王宁、张雁云、董路、雷维蟠完成。研究生赵凯、郝佩佩在部分实验材料的准备中提供支持。全书由张雁云和郑光美统稿。

书中若有不当之处，敬请读者批评指正。

主　编

2023 年 1 月

 第 1 版至第 3 版前言

致学生

欢迎同学们走进动物学实验课堂！在这里，我们将一起观察、解剖、思考、讨论。现将课程目的、要求、操作、绘图等介绍如下。

1. 实验课的目的

（1）验证和加深理论知识理解，巩固和拓展课堂讲授所学知识。

（2）熟悉动物学的基本操作技术，提高动手能力、独立工作能力及观察分析问题的能力，培养科学严谨的治学态度和实事求是的学风。

2. 实验课的要求

（1）遵守实验室要求和实验操作规程，确保实验安全。

（2）遵循动物福利的 3R ［reduction（减少）、replacement（替代）、refinement（优化）］原则和科技伦理要求。

（3）按规定时间进入实验室，保持实验室安静，不得在实验室内从事与实验无关的活动。

（4）厚重衣物、书包、水杯等物品应寄存于实验室外的保管箱中，不能带入实验室，不得在实验室内饮水、进食等。

（5）实验前应核对清楚实验用具，实验后将实验用具清洗干净、查点清楚、原样放回。

（6）实验中应独立思考，观察、操作、绘图务求精细准确，独立完成或按要求合作完成。

（7）在教师规定时间内完成实验报告。

（8）实验结束后，在离开实验室前，应清理好自己的实验桌，并轮流打扫实验室，保持整洁。

（9）爱护实验室的一切物品，避免损坏或浪费。若有物品损坏，应主动向教师报告，由教师处理。

3. 如何进行实验

（1）每次实验前应仔细阅读实验指导及教材的有关章节，明确实验目的、内容和操作步骤，同时应把必需的实验用品带到实验室。

（2）实验开始时应认真聆听教师的讲解。

（3）实验前准备好实验用的材料和工具（如显微镜、解剖器等）。

（4）严格按实验指导进行实验操作：除明确目的、注意实验提示外，须认真按实验操作要求进行观察、解剖，包括示范标本的观察及拓展小实验等。

（5）实验中应着重锻炼自身独立操作、独立思考能力，培养创新意识。

（6）生物绘图是对实验观察、解剖结果的记录。若观察得不精确，绘图就不可能精确。绘图是生物实验中的一项重要工作，也是基本技术之一，每位学生应认真对待。一般绘图时间应占实验时间的一半左右，其余时间用于实验观察和解剖。

（7）每次实验最后应留出 10～20 min 写笔记或做总结。

4. 绘图注意事项

（1）绘图用具：HB 和 2H 铅笔，橡皮，直尺。

（2）生物绘图以科学性为主，首先应从理论上对所绘标本有一定了解，认真观察标本，掌握其各种特征，确保绘图的科学性。

（3）原则上只在纸的一面绘图，铅笔笔尖应经常保持尖锐，纸面力求整洁。绘图的大小在实验报告纸上应布局适宜，较大的图每页绘一幅，同一类的小图可以在一张纸上绘数幅。注意要预留注字的空地，图的各部分结构必须按要求表示清楚。

（4）可以先用 HB 铅笔轻轻画出标本形态结构的轮廓及主要部分（线条要细要轻），如果标本是两侧对称的，可先画一条线垂直经过图的正中，这样易将两部分画得对称。

（5）根据草图添绘各部分的详细结构，用硬铅笔（2H）以清晰的笔画绘出全图。线条要均匀一致，不要有接痕。标本上的凹凸、深浅、层次、结构的立体感等可通过打点的密度和分布表示出来。打点时要将笔垂直于图纸绘成圆点，不能拖尾，不要重叠。

（6）绘图纸上所有的字都必须用硬铅笔以楷书写出，不可潦草。图上的注字原则上应横写，且最好在两侧排成竖行，上下尽可能平齐。注字引线尽量水平拉出，注字线间尽量平行、间距相近，不能交叉。图的标题应写在该图的下面中央。

（7）在实验报告纸的上面中央（或要求的位置）写出本实验的内容（不是所绘图的

名称），并在报告纸的右上角标注姓名、座号及实验日期等信息。

（8）显微镜下观察的结构，应在图的标题之后注明放大倍数，放大倍数为观察清楚图中最精细结构所用的倍数。

5. 实验报告注意事项

（1）实验报告除绘图外，还包括教师指定的观察记录、思考作业等。

（2）实验报告须用钢笔或圆珠笔书写，不宜太密，每行字之间应留适当空隙，以便教师修改。每次实验报告及笔记均另起一页，并写上实验内容及题目。

（3）写报告时切记下列几点：

① 注重科学性，围绕实验要求，简明阐述、突出要点；

② 条理分明，有层次性和逻辑性；

③ 实验报告是记录个人在实验中观察到的内容和对观察的解释，不可照搬实验指导和教材中的内容。

6. 实验课解剖注意事项

（1）准备解剖器 1 套，包括：解剖刀刀柄 1 把，解剖刀刀片 1～2 片，大、小解剖剪各 1 把，大、小镊子各 1 把，解剖针 2 根，放大镜 1 个。

（2）解剖不是解体。解剖是为了寻找、呈现相关结构，应该依照实验指导的顺序，由表及里，按动物的层次、系统去分离和观察器官和结构，不能随意切割、移除组织器官，避免影响后续对相关结构的观察。

（3）实验过程中，特别是在剥离脊椎动物的精细结构中，一般通过镊子分离，少用解剖刀或解剖剪，避免出血和破坏结构。

（4）解剖蚯蚓、蛔虫、蝗虫等动物的过程中，应在解剖盘中加水，水量以没过待解剖的动物体为宜，一则可以避免器官失水干燥后不易识别，二则可以让一些器官略浮起来，便于将表面的器官推到一侧进行其他器官的观察。

（5）解剖蚯蚓、蛔虫、小鼠、牛蛙等动物时，需要用大头钉固定部分结构，大头针可以斜向下 45° 插入，既固定有力，也不至于遮挡观察（特别是对蚯蚓、蛔虫的观察）。

动物学实验课即将开始，你准备好了吗？

目　录

实验 1 显微镜的结构与使用

实验目的	◎ 认识显微镜的基本结构
	◎ 掌握显微镜的基本使用方法
	◎ 了解常用的显微镜类型

实验内容	◎ 认识显微镜的主要结构，了解其基本性能
	◎ 通过观察装片，学习显微镜的使用方法
	◎ 了解几种常用的显微镜

实验材料与用品	◎ 字母片、蝴蝶鳞片装片等
	◎ 学生用普通光学显微镜
	◎ 几种不同类型的显微镜

实验提示	◎ 务必按实验指导认识显微镜的各部分结构、性能及使用方法，切不可随意扭动各部件，以免损坏仪器
	◎ 使用高倍镜时，一定要从低倍镜开始观察。使用油镜时要从 40× 的物镜开始观察。在高倍镜下场光阑要调大，只能用细调焦旋钮调整焦点，不能用粗调焦旋钮
	◎ 除使用擦镜纸清洁镜头外，不要用任何物品接触物镜、目镜和聚光透镜等光学元件的表面
	◎ 使用显微镜后务必将载物台降低，将最低倍物镜（或物镜空位）对准通光孔，将光源强度调至最低，关闭电源，盖好防尘罩

实验操作与观察

1. 认识普通光学显微镜的结构（图1-1）

（1）支撑系统　普通光学显微镜的支撑系统包括镜臂、镜座、镜柱。

（2）成像系统（光学系统）及其调节　普通光学显微镜成像的核心元件包括两部分——物镜和目镜。分述如下。

物镜：每台显微镜有多个不同放大倍数的物镜，安装在物镜旋转器上。如果镜头可以放大10倍，则放大倍数记为"10×"。大多数显微镜都有低倍和高倍物镜，低倍可能是4×或10×，高倍多为20×和40×。有些显微镜还装有油镜，使用时须以松柏油等为介质，滴加到镜头和标本之间才能观察，放大倍数多为80×或100×。

物镜旋转器：用于固定物镜的转盘。需要转换物镜进行观察时，必须使用物镜旋转器，不能拿着物镜直接转，即使物镜固定的位置发生些许偏移，也会影响成像的质量。

目镜：放大倍数多为10倍。瞳距调节板用于调整目镜间的距离，使用时需与观察者的瞳距保持一致，让两眼的视野能完全重叠。大多数目镜系统中有一个镜筒带有视度调节圈，用于调整两眼间的视度差。

粗调焦旋钮：可较大幅度升降载物台，用于低倍镜的对焦和快速寻找观察目标。

细调焦旋钮：可细微调整载物台的高度，用于高倍镜的对焦。

光源：多为内置的低压卤素灯，由电源开关控制启动和关闭，可用光量调节器调整光源的强度。有些显微镜无内置的灯，需要通过调节反光镜的方向来调整光的强度。

场光阑：用于整体调节光源发出的光量。

聚光器：位于载物台下方，包括多个聚光透镜、虹彩光圈和升降螺旋。透镜将光源发出的散射光聚集到所观察物体的表面。升降螺旋可以上下移动聚光器，调整聚光焦点的位置，以适合不同厚度的样品。虹彩光圈也称可变光阑，由多个金属片组成，可以调节通光量的多少，对成像的分辨率和反差有影响。如果开放过大，散射光会影响成像的分辨率；如果收缩过小，成像的分辨率将下降，但反差会增加，适合观察未染色或比较透明的样品。

通光孔：载物台上的孔，使光线照在样品上。

（3）载物系统　普通光学显微镜的载物系统包括如下结构。

载物台：也称镜台，为放置标本的金属台。

压片夹：用于固定装片或标本的两个金属片，有弹性，抬起时不能超过设定高度，需轻抬轻放。

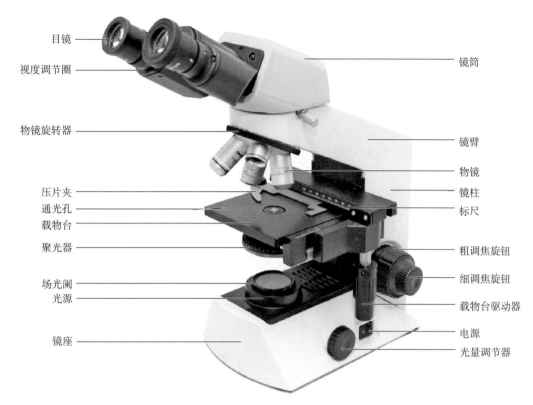

图 1-1 普通光学显微镜的结构

标尺：标示载物台坐标位置的量尺，一横一竖。

载物台驱动器：两个上下排列的旋钮，分别在 x 轴和 y 轴方向移动载物台。

2. 普通光学显微镜的使用

（1）移动　一手握镜臂，一手托镜座，移动显微镜，注意轻拿轻放。

（2）放置　将显微镜平稳地放在稳固的桌面上，内光源显微镜须打开电源开关，才能开启光源。

（3）固定标本 / 装片　用粗调焦旋钮将载物台移到最下方，再把待观察的字母片或蝴蝶鳞片装片小心地放在载物台上，用载物台驱动器移动载物台，使字母或鳞片对准通光孔，之后用压片夹固定。样品摆放的位置不要过于靠近边缘。

（4）低倍镜观察（4× 或 10×）　用物镜旋转器将低倍镜旋转到对准通光孔的位置，到位时会有轻微的"咔嗒"声。

双眼对准目镜进行观察，不要只用单眼。注意调整双眼和目镜之间的距离，以能看到完整视野为佳。

用粗调焦旋钮升高载物台至能看见较清晰的图像，再用细调焦旋钮将图像调清晰。

[?] 调焦旋钮转向哪个方向时，载物台会上升？注意观察并熟悉这个操作。

如果双眼观察到的视野无法重叠，请调节目镜之间的距离，使之与自己的瞳距一致。

如果双眼无法同时看到清晰的像，可以先用没有视度调节圈的目镜（大多是左侧目镜）观察，同时闭上另外一只眼，对焦清晰后，将双眼同时睁开，旋转视度调节圈，至双眼同时看到清晰的像。

[?] 将载物台缓慢向右移动，从目镜中观察到的像将往哪个方向移动？若将载物台向前移动又会如何？请你想一想，这是为什么？

① 光线太强或太弱都会影响观察效果，尤其是比较透明的样品，光线弱一些反而会看得更清楚。请用虹彩光圈降低光线的亮度，尽量不要用光源调节器进行调整。

② 虽然观察的样品离你的双眼很近（大多在 20～25 cm），但是你可以想象正在观察 1 个很远的物体，这样可以让双眼处于比较放松的状态。

③ 如果经反复调试，物像仍显得模糊，可能需要清洁镜头或装片。

④ 一定注意用高倍镜观察时不能使用粗调焦旋钮。

（5）**高倍镜观察**　用低倍镜观察到清晰的像后，用物镜旋转器转换物镜，将高倍镜（20× 或 40×）转到观察位置，到位时有轻微的"咔嗒"声。大多数显微镜的高倍镜对焦点与低倍镜很相近，用细调焦旋钮略加调整就能观察到清晰的像。

如果无法观察到清晰的像，可先将载物台下降至装片与物镜之间有 1 mm 左右的距离，再从目镜观察，用细调焦旋钮缓慢升高载物台，直至看到清晰的像。

[?] 缓慢旋转细调焦旋钮，图像会发生什么变化？请你观察、体会这个过程，并尝试通过对多个层次的连续观察，建立观察对象的立体图像。

（6）**更换装片或标本**　低倍镜观察时，可直接更换装片或标本。高倍镜观察时，须先转为低倍镜，再进行更换。从载物台取下装片时，注意不要触碰到物镜，以免划伤镜头。

（7）**油镜观察**　对于高倍镜（40×）无法看清的结构，可使用油镜（100×）进一步放大观察。首先在高倍镜下调准焦点，将要观察的标本区域移至视野的正中心。随后降低载物台，在标本装片上滴加 1 滴油镜专用油，将油镜转至观察位置，边从侧面观察边用细调焦旋钮将载物台缓慢上移，至油滴与油镜接触。将场光阑开大，通过目镜观察，稍转动细调焦旋钮至物像清晰。观察完毕后，须先将载物台下调，至油滴与物镜分开。将油镜移至旁边，用镜头纸蘸取镜头专用清洗液轻轻擦拭油镜镜头。不宜用二甲苯或类似溶剂擦拭油镜镜头，以免损坏透镜中的黏合剂。玻片上的油污可用二甲苯擦除（注意二甲苯为有毒易燃试剂，使用时必须遵守实验室安全管理规定，戴好手套，注意防护）。

（8）归位与清洁　每次观察完毕后，务必取下装片，将光源调到最暗。将物镜转向前方，不可对准通光孔（如没有空位，可将最低倍物镜对准通光孔），把载物台降到最低。关闭电源。最后，将显微镜放回镜柜或罩好防尘罩。

要注意保持显微镜的清洁。如金属部分有灰尘时，一定要用干净的软布及时擦拭；如镜头有灰尘，必须用专用擦镜纸轻轻拂拭，切勿用手或其他布、纸等擦拭镜头，以免损坏透镜。

▶ 视频 1-1　普通光学显微镜的结构与使用示范

3. 实体显微镜（解剖镜、体视镜）

（1）结构（图 1-2）　此类显微镜因可观察不透明物体表面的立体结构而得名，其具有多种形式的外加光源照明器，也有镜体内同轴垂直照明，使光线落射到所观察的物体上，还兼具透射光照明器、荧光照明器和其他照明系统，一般放大倍数较低。

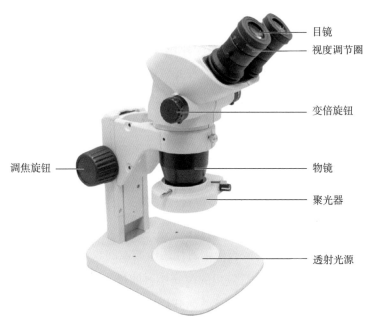

目镜
视度调节圈
变倍旋钮
调焦旋钮
物镜
聚光器
透射光源

图 1-2 实体显微镜的结构

（2）基本使用方法 实体显微镜的使用方法与普通光学显微镜相似。其放大倍数一般较低，可以通过调节旋钮改变物镜倍数，适于观察较厚的物体，或者进行长时间的解剖观察。

▶ 视频 1-2 实体显微镜的结构与使用示范

4. 其他显微镜

除普通光学显微镜和实体显微镜外，显微镜还具有多种类型，各有不同的用途。根据实验室的实际条件，此处介绍几种常用的显微镜。

（1）暗视野显微镜 其外形结构与普通光学显微镜一致，最主要的不同在于聚光器。从光源产生的光线经过聚光器，光束经过物体落在物镜前透镜的外边，因此视野是黑暗的，而通过物体本身反射和折射的光进入物镜形成亮的像，使标本在暗背景上呈现出发亮的图像。这种显微镜适于观察反射率较大、折射率不同或较透明的细胞组织切片及装片标本。

（2）相差显微镜 这种显微镜具有环状光阑和带相板的物镜（即相差物镜），可以利用折射率的差异形成亮/暗反差，适于观察较透明或染色反差小的细胞组织切片或装片。光束经过具环形光阑的相差聚光器、物体、相差物镜，分为两部分，一部分是物体结构的折射光，另一部分是不受物体影响的光，经过相板干涉，形成干涉图像。由于两束光的相移位接近 $\lambda/2$（半波长），可见反差分明的图像。

（3）微分干涉相差显微镜 与普通光学显微镜相比，具有 4 个特殊的光学组件：偏振器、棱镜、微分干涉滑行器和检偏器。此种显微镜以偏振光为光源，光线经微分干涉棱镜折射后分成两束，在不同时间经过样品非常相近的相邻部位，然后再经过另一棱镜将这两束光汇合，从而使样品中厚度上的微小区别转化成明暗区别。此种显微镜增加了样品反差，并且使图像具有很强的立体感，适用于观察活细胞的结构，尤其是细胞核、线粒体等一些较大的细胞器，也适合进行显微操作。

（4）荧光显微镜 能观察、分辨物体中极少量的荧光物质，并通过选择滤光器高度特异地鉴定一定的荧光，适用于对细胞内物质的吸收与运输、化学物质的分布与定位等进行定性或定量观察。荧光来自特定波长光辐射作用所激发的较高能级的电子跃迁而放出的一些具特定能量的光子。例如，广泛应用的荧光染料的最大激发光波长为 490 nm，而其发射光波长最大约为 530 nm。少数物质，如叶绿素，具固有的荧光（即初级荧光），大部分生物材料需用荧光染料染色后才显示出荧光（即次级荧光）。常见的荧光显微镜以紫外线为光源的入射光型，物镜用作照明和物体观察。入射光型对激发作用和收集发射光是最有效的。利用组织化学、免疫细胞化学等方法，可以用荧光染料或荧光抗体对待观察的对象进行特异性荧光染色，或者通过转基因（如绿色荧光蛋白）等方式使观察目标可以发出荧光，具有很高的敏感性和特异性。

（5）倒置显微镜　与标准实验室显微镜表面上似无相似性，但实际上其组成部件和功能是一致的，只是聚光器倒过来在镜台之上，物镜在镜台之下。其工作距离较大，适于观察组织培养的细胞。

（6）电子显微镜　简称"电镜"，包括扫描电镜（scanning electron microscope，SEM）和透射电镜（transmission electron microscope，TEM）。电镜主要由镜筒、真空装置和电源柜 3 部分组成，用电子束和电子透镜代替光束和光学透镜，使物质的细微结构在非常高的放大倍数下成像，分辨率可达到光学显微镜的 1 000 倍以上。扫描电镜主要用于观察固体表面的细微形貌；透射电镜常用于观察光学显微镜所不能分辨的物质内部的细微结构。

作业

1. 在使用普通光学显微镜的过程中，由低倍镜转用高倍镜观察时，需要调节哪些元器件？这样做的目的是什么？
2. 在使用普通光学显微镜观察装片的过程中，若发现视野中有异物，如何判定异物位于目镜、物镜，还是在装片上。

拓展阅读

金丽 . 生物显微技术实验教程［M］. 重庆：西南师范大学出版社，2019.

张旭，徐维奇 . 激光扫描共聚焦显微镜技术的发展及应用［J］. 现代科学仪器，2001（2）：21-23.

祖元刚，刘志国，唐中华 . 原子力显微镜在大分子研究中的应用［M］. 北京：科学出版社，2013.

实验 2 动物的细胞和组织

实验目的
　　○ 掌握动物细胞的基本结构及有丝分裂各期的特点
　　○ 掌握动物 4 类基本组织的特征，理解结构与功能的关系
　　○ 掌握临时装片标本的制作方法

实验内容
　　○ 观察动物细胞结构：
　　　人口腔上皮细胞临时装片的制作与观察；
　　　马蛔虫的有丝分裂及细胞器装片的示范观察
　　○ 观察动物 4 类基本组织的常见组织：
　　　上皮组织——单层立方上皮和复层扁平上皮的永久装片观察；
　　　结缔组织——血涂片的制作与观察，疏松结缔组织、致密结缔组织、透明软骨和骨组织的永久装片观察；
　　　肌肉组织——骨骼肌临时装片的制作与观察，心肌、横纹肌和平滑肌的永久装片观察；
　　　神经组织——脊髓涂片的观察

实验材料与用品
　　○ 甲状腺滤泡切片、蛙表皮切片、蛙疏松结缔组织铺片、牛腱纵切片、透明软骨切片、骨组织磨片、血涂片（人和蛙）、平滑肌切片、心肌装片、骨骼肌永久装片、脊髓涂片、马蛔虫有丝分裂永久装片等玻片标本，蝗虫浸制（或冷冻）标本，牛蛙
　　○ 普通光学显微镜、载玻片、盖玻片、解剖器、吸管、吸水纸、牙签、9 g/L NaCl 溶液、1 g/L 亚甲蓝溶液、蒸馏水、甲醇、吉姆萨染液等

实验提示
　　○ 在观察显微玻片标本时可以先了解制作和染色的方法：
　　　按照制作方法，可分为铺片、涂片、磨片和切片等；
　　　按照染色方法，可分为银染、HE 染色和吉姆萨染色等

实验操作与观察

1. 人口腔上皮细胞的玻片标本制作和观察

把无菌牙签粗的一端放在自己的口腔里，轻轻地在口腔颊内刮几下（注意不要用力过猛，以免损伤颊部）。将刮下的黏性物薄而均匀地涂在载玻片上，加 1 滴 9 g/L NaCl 溶液，然后加盖玻片，制成临时装片，在显微镜低倍镜下观察。由于口腔上皮细胞薄而透明，观察时光线需要调暗些。

口腔上皮细胞常数个连在一起。找到口腔上皮细胞后，将其放在视野中心，再转高倍镜观察。口腔上皮细胞呈扁平多边形。若观察不清楚，可在盖玻片一侧加 1 滴 1 g/L 亚甲蓝溶液，另一侧放一小块吸水纸，如此可使染液流入盖玻片下面，将细胞染成浅蓝色。细胞核染色较深。注意染液不可加得过多，以免妨碍观察。

[?] 尝试辨认细胞核、细胞质和细胞膜。你认为细胞质中的一些颗粒状结构是什么？

2. 上皮组织

上皮组织由密集的细胞和少量细胞间质组成，细胞之间连接紧密。

（1）单层立方上皮（图 2-1a） 观察甲状腺滤泡切片。上皮组织由 1 层立方体状的细胞组成，细胞间排列整齐。此类上皮组织见于腺上皮和无脊椎动物的表皮。

（2）复层扁平上皮（图 2-1b） 观察蛙表皮切片。上皮组织由多层细胞组成：最表面的扁平细胞排列较致密，细胞核染色较浅或模糊不清；中间层由多层梭形或多边形的细胞组成，排列较松散；基底层与基膜相连的是多层短柱状细胞，排列紧密。

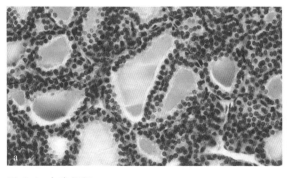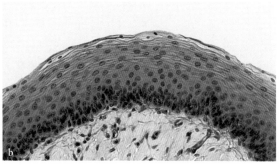

图 2-1 上皮组织

a. 单层立方上皮；b. 复层扁平上皮

3. 结缔组织

结缔组织由多种细胞和大量的细胞间质组成。常见的结缔组织包括血液、软骨、骨、疏松结缔组织、致密结缔组织等。

（1）血液（图 2-2） 观察血涂片，认识以下 3 种血细胞。

红细胞：蛙的红细胞呈扁椭圆形。单个红细胞呈粉色，中央有一较大的椭圆形细胞核。红细胞间的无色液体称为血浆。人的红细胞无细胞核。

白细胞：具细胞核，球形，包括中性粒细胞、嗜酸性粒细胞、嗜碱性粒细胞、单核细胞、淋巴细胞。

血小板：体积小，形状不规则。

？ 不同的血细胞种类在血液中的比例一样吗？为什么会有差异？

（2）软骨组织（图 2-3） 观察气管透明软骨的染色切片，可见大部分底质被染成相同的均匀颜色，此即为软骨基质，基质中有许多圆形或卵圆形的窝，称为陷窝，常常 2 个或 4 个并列在一起。陷窝内有软骨细胞，细胞核可被染成深色，细胞膜界线很清楚，细胞

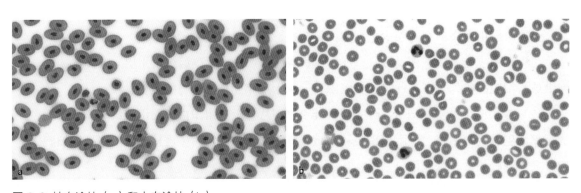

图 2-2 蛙血涂片（a）和人血涂片（b）

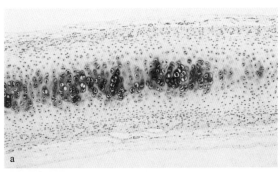
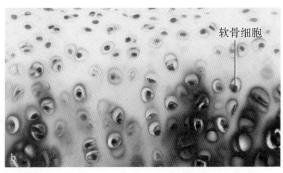

图 2-3 透明软骨
a. 100×；b. 400×

质染色极浅或不太清楚。

（3）骨组织（图 2-4）　显微镜下观察骨组织磨片，可见骨组织主要由许多同心圆排列的骨板组成，同心圆中央有 1 个较大的圆形空腔，其内容纳血管穿行。骨板中和骨板之间有骨细胞（装片中骨细胞常常不存在，仅残留一些小的空隙），可以看到相邻骨细胞之间可通过放射状的小管连通。

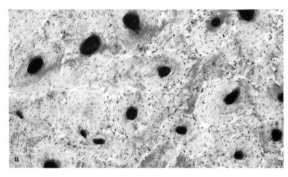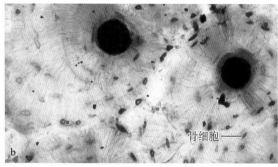

骨细胞——

图 2-4　骨组织

a. 100×；b. 400×

（4）疏松结缔组织（图 2-5）　显微镜下观察蛙疏松结缔组织铺片，可见其由多种细胞和疏松排列的纤维组成。其中，胶原纤维呈粉红色，弹性纤维染色较深，两种纤维呈现网状排列。

（5）致密结缔组织（图 2-6）　在显微镜下观察牛腱纵切片，注意其中有许多平行排列的胶原纤维束，在纤维束之间常见少数排成单行的细胞，呈梭形，其细胞核为椭圆形，此即为结缔组织细胞。胶原纤维是细胞分泌的产物。

［?］肌腱分布于动物体的什么部位，有何作用？

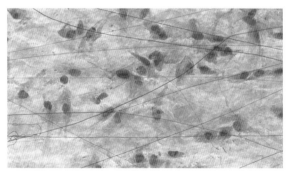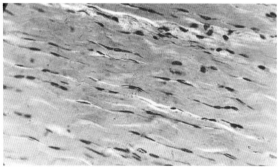

图 2-5　疏松结缔组织

图 2-6　致密结缔组织

4. 肌肉组织

肌肉组织由收缩性较强的肌细胞组成，因其形似纤维，也称为肌纤维。肌肉组织主要包括横纹肌和平滑肌两类。脊椎动物的横纹肌包括骨骼肌和心肌。

（1）骨骼肌（图2-7）　观察骨骼肌装片，可见肌细胞呈长纤维状，多核，具有明显的横纹。

从蝗虫浸制标本的胸部取一小束肌肉，放在载玻片上，加1滴水，用解剖针压碎分离，盖上盖玻片，用镊子柄轻压盖玻片，使肌纤维分离开。显微镜下观察，可以见到骨骼肌。骨骼肌中常能见到的螺纹状结构为蝗虫的气管。

（2）心肌（图2-8）　观察心肌装片，可见细胞核呈圆形，横纹不明显，但细胞之间的界线明显。

（3）平滑肌（图2-9）　细胞呈长梭形。细胞核为长椭圆形，位于细胞中部。

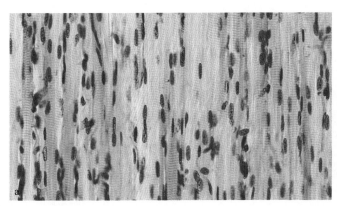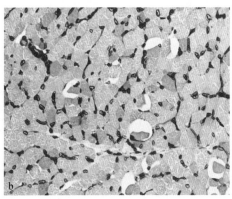

图 2-7 骨骼肌

a. 纵切面；b. 横切面

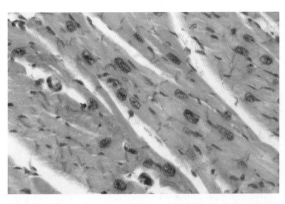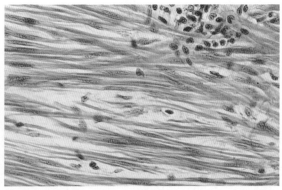

图 2-8 心肌

图 2-9 平滑肌

5. 神经组织

观察脊髓细胞涂片（图2-10），可见细胞被染成浅蓝色，细胞体形状不规则，细胞核位于细胞中央，色浅，核仁着色较深。能看到细胞突起，树突的基部较粗，而轴突则粗细均匀，涂片上常不易看到。

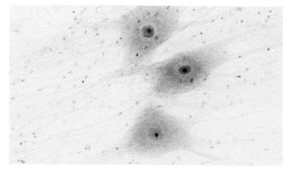

图 2-10 脊髓细胞涂片

6. 示范实验

（1）观察细胞的有丝分裂　在马蛔虫有丝分裂示范装片中辨认出染色体、中心粒及纺锤体。注意观察有丝分裂各期的特点。

前期：染色体出现，着色较深。中心粒已分裂为二，向两极移动形成纺锤体。在前期结束时，核仁及核膜消失。

中期：染色体排列在细胞赤道面，中心粒已达两极。此时纺锤体最大，染色体数目清晰。

后期：各染色体已分为两个染色单体，分别向两极移动。细胞开始分裂，中部出现凹陷。

末期：细胞分裂为两个，染色体消失，重新组成的细胞核出现。

（2）观察动物细胞的电镜照片　观察细胞膜、细胞核（核膜、核仁、染色质丝）、内质网、高尔基体、线粒体、溶酶体和中心粒等，以及有丝分裂各期细胞。

（3）蛙血涂片的制作　解剖牛蛙，用吸管从心脏取血，滴1滴血液于载玻片A右端（距离右侧边缘约1 cm）。再取1张载玻片B，将其短边贴于载玻片A上、靠近血滴的左缘，两载玻片夹角约45°。由于液体表面张力，血液会充满于两张玻片的接触处。载玻片A保持不动，快速、平稳地将载玻片B向左推进，在载玻片A上形成薄的血膜。血膜干燥后，用甲醇固定1~3 min、吉姆萨染液染色15~30 min，用蒸馏水冲去多余染液，晾干后即可观察。

作业

1. 总结细胞的基本结构及功能。阐述细胞有丝分裂各期的特点。

2. 总结4类动物基本组织的结构特点及主要功能。

拓展阅读

秦川 . 实验动物比较组织学彩色图谱 [M]. 北京：科学出版社，2017.

王平 . 简明脊椎动物组织与胚胎学 [M]. 北京：北京大学出版社，2004.

实验 3 草履虫等自由生活的原生动物

实验目的
　○ 通过观察草履虫的基本结构，掌握原生动物的主要特征
　○ 认识常见自由生活的原生动物种类

实验内容
　○ 制作草履虫临时装片
　○ 观察草履虫的运动行为与形态特征
　○ 观察草履虫食物泡的形成与运行
　○ 观察草履虫的应激
　○ 观察反映草履虫两种生殖方式的装片
　○ 观察常见原生动物类群

实验材料与用品
　○ 草履虫培养液，草履虫横二分裂与接合生殖装片，变形虫、有孔虫、放射虫和眼虫等原生动物的装片，变形虫、眼虫或四膜虫等的培养液
　○ 普通光学显微镜、体视镜、载玻片、盖玻片、镊子、滴管、牙签、蒸馏水、记号笔、擦镜纸或棉花、稀释 10～20 倍的黑色墨汁或中性红溶液、0.01% 和 0.1% 乙酸溶液

实验提示
　○ 草履虫并非圆锥状或梭形，注意观察其身体旋转过程中口沟一侧的结构
　○ 通过调节显微镜光阑来调整进光量，从而观察草履虫的纤毛
　○ 培养液表层、容器壁附近的草履虫浓度一般较高，用滴管取培养液的时候，可以靠近这些区域吸取少量液体，滴在玻片上；滴管中多余的液体一般不滴回盛放培养液的容器中
　○ 如果临时装片中的草履虫灵活穿梭于擦镜纸与玻片之间，主要是滴加的培养液过多造成的，可以重新制片或利用滤纸从一侧吸去多余水分

实验操作与观察

1. 制作草履虫临时装片

取 1 片干净的载玻片，平置于桌面上。剪取 1 块比盖玻片略小的擦镜纸，放于载玻片的中央。用滴管吸取 1 滴草履虫培养液，小心滴加到擦镜纸中部，待培养液浸透擦镜纸后，用镊子夹取 1 个干净的盖玻片，与载玻片呈 45°靠近并接触到液滴，让液体浸润盖玻片的一边，再将盖玻片缓慢放下，至完全盖住液滴，以没有气泡为宜。

2. 草履虫运动行为的观察

用显微镜低倍镜（4 倍和 10 倍物镜）观察，寻找运动被限制且遮挡较少的草履虫个体。找到后换用高倍镜（40 倍物镜）观察。草履虫呈鞋底状，近乎透明，注意将之与培养液中的其他原生动物或小型多细胞动物进行区分。

首先观察草履虫在水中的游动方式，是直线前进、旋转行进，还是"之"字形前进？

⁇ 草履虫为什么会采用这种方式前进？

继续观察，当草履虫遇到障碍物时，是采取怎样的方式绕过障碍物的？它的身体可以弯曲吗？还是可以把身体变细后从缝隙中钻过去？

3. 草履虫形态特征的观察

用高倍镜（40 倍物镜）观察，辨别草履虫的前端和后端。前端钝圆，后端略尖细（图 3-1）。调弱显微镜的光源强度，并通过调整光阑增加对比度。观察草履虫体表的纤毛摆动方式，比较其行进过程中不同部位的纤毛摆动方向和速度是否相同，思考和其行为之间有怎样的联系。仔细辨识，可见草履虫表膜内侧有栅栏状排列、反光度较高的结构，即为刺丝泡。

草履虫的口沟位于身体的一侧，从身体前端向后延伸至身体中部。胞口是

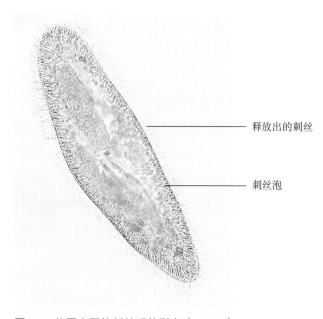

释放出的刺丝

刺丝泡

图 3-1 草履虫释放刺丝后的形态（×100）

位于口沟后部的开口，胞口之后向身体内部内陷形成胞咽，是草履虫用于取食的细胞器。口沟和胞咽中密布纤毛，不停地摆动，促进食物在胞咽底部聚集。

观察草履虫体内细胞质和细胞器的特征。其外质薄而透明，内质颜色较深，具有很多流动的颗粒。

⁇ 这些颗粒可能是什么？具有怎样的功能？

草履虫身体的两端各有 1 个伸缩泡，是其调节体内渗透压的主要细胞器，由居于中央的圆形主泡和周围的辐射管组成。观察两个伸缩泡交替收缩的过程，比较主泡和辐射管是在舒张时还是在收缩时更容易看清楚，以及舒张和收缩哪个过程完成得更快。

⁇ 伸缩泡是如何进行渗透压调节的？随着观察时间的增加，伸缩泡的收缩频率会上升、下降还是不变？是什么原因导致的呢？

▶ 视频 3-1　原生动物的代表动物——草履虫
▶ 视频 3-2　草履虫纤毛的摆动和伸缩泡的动态变化

4. 草履虫食物泡的形成与运行观察

以牙签蘸取少量的墨汁（稀释 10～20 倍）或中性红溶液，滴在盖玻片一侧的边缘，用低倍镜（10×4 倍或 10×10 倍）寻找体内正在形成食物泡的个体。然后换用高倍镜，观察食物泡的形成过程及食物泡在草履虫体内的移动路线，可对食物泡的形成和体内运行过程分段计时。连续观察中会看到未消化的残渣从胞肛中排出。

⁇ 包裹食物泡的膜是如何形成的？草履虫是怎样通过食物泡获得所需营养的？

▶ 视频 3-3　草履虫食物泡的形成过程

5. 草履虫的应激观察

应激是原生动物对特定刺激做出的行为反应。取 1 滴高浓度的草履虫培养液制作临时装片。在盖玻片的一侧滴加 0.01% 乙酸溶液，尽快用显微镜低倍镜（10×10 倍）观察草履虫会朝哪个方向运动。

再制作 1 个临时装片，换为滴加 0.1% 乙酸溶液，另一侧用吸水纸促进乙酸进入装片，用显微镜进行观察，可见一些草履虫的刺丝已射出，同时可见被染成淡黄色的大核。

⁇ 刺丝泡在草履虫体表是如何分布的？

6. 草履虫横二分裂与接合生殖装片的观察

观察草履虫横二分裂不同阶段的装片，重点关注发生横二分裂时草履虫各部分的变化过程。

? 大核和小核的分裂方式一样吗?

观察草履虫接合生殖的装片。

? 有性繁殖实质发生在哪一步? 接合生殖过程中, 细胞核不断溶解和出现的意义是什么?

7. 示范实验

(1) 变形虫的形态观察　变形虫的体表为很薄的质膜, 形态不固定。外质薄而透明; 内质充满颗粒, 颜色相对较深, 外层为相对固态的凝胶质, 内层为可流动的溶胶质。伪足是变形虫体表的临时性突起, 位置和形状都不固定, 是其运动和取食的细胞器。变形虫体内具一个伸缩泡和多个大小不同的食物泡。

▶ 视频 3-4　变形虫的运动

(2) 有孔虫 (壳) 和放射虫 (壳) 的形态观察　有孔虫是海底沉积物的主要成分, 大多具有石灰质的外壳, 不透明, 形态多种多样。其伪足为根状, 从壳表面的小孔伸出。放射虫的壳大多为硅质, 透明而具有质感, 常具有放射状的棘或刺, 显得精致美观。

(3) 眼虫的形态观察　眼虫的身体呈纺锤形, 前端有 1 根长长的鞭毛。鞭毛基部的位置为胞口, 内陷为短的胞咽, 通向透明的储蓄泡。储蓄泡旁边可见 1 个红色的眼点。靠近眼点、鞭毛近基部有一膨大结构, 为光感受器。眼虫具 1 个伸缩泡, 细胞质内有叶绿体, 能进行光合作用, 为眼虫维持生命活动的能量来源。观察眼虫的运动方式, 以及在狭窄处穿行的方式。当玻片中的水蒸发后, 眼虫可分泌形成包囊, 将自己包于其中。

(4) 四膜虫的形态观察　四膜虫为单细胞纤毛虫, 体呈椭圆长梨状, 体表有数十列纵行排列的纤毛。胞口位于身体最前端, 其 4 列纤毛形成波动膜。四膜虫主要以水中的细菌和其他有机质为食, 是目前研究得最深入的原生生物之一。

(5) 团藻的形态观察　团藻直径约 5 mm, 由 1 000 到数万个个体组成空球形群体结构 (图 3-2)。注意观察群体内的子群体。

? 团藻与多细胞动物有何不同?

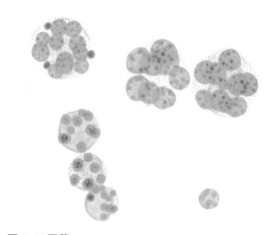

图 3-2 团藻

8. 选做小实验

（1）眼虫的趋光运动　取眼虫培养液，制作临时装片。用显微镜高倍镜观察，随机选择 10 个视野，对每个视野中眼虫的数量进行计数。而后用黑色厚纸片（或其他不透光的材料）遮住通光孔的一半，从有光和无光视野中各随机选择 10 个视野，对眼虫的数量进行计数与比较。根据数据，分析眼虫是否对光线具有趋向性。

　　⑦ 如果不完全遮蔽，仅用半透明的纸片调弱光的强度，又会出现怎样的现象？

（2）变形虫的吞噬行为　吸取变形虫培养液的底层沉淀物，制作临时装片。因为变形虫遇到扰动会缩成一团，不易观察，可将装片在显微镜载物台上静置一会儿，先用低倍镜（10×10 倍），调弱光源强度，调高对比度，仔细查找。变形虫的形态特征不固定，类似不规则的面团，但具有一些高反光度的小点。找到后换为高倍镜观察。变形虫运动时，可见溶胶质向特定方向流动，形成凸起的伪足，进而带动虫体向伪足伸出的方向运动。当变形虫遇到食物颗粒时，伪足快速包围合拢，形成食物泡，即吞噬作用。食物泡进而与质膜分离，进入内质流动，完成消化吸收过程。

（3）草履虫接合生殖的诱导　从草履虫纯培养液中吸取 1 滴，置于培养皿中，用体视镜检查，确保液滴中仅有 1 只草履虫。如有多只，则需再次分离。将分离好的单只草履虫接种至独立的培养瓶（或试管）中，每个培养瓶（或试管）中可以接种 10～20 只，按常规方法进行培养（具体培养方法见附录I）。在适宜温度下，1 周左右可获得草履虫纯系培养群。从每个纯系培养群中吸取 1 滴培养液，两两混合，做好标记。注意每次吸取培养液必须更换吸管，或者使用移液器吸取，每次都要更换吸头。混合培养约 4 h 后，每隔 2 h 取出观察，当观察到草履虫两两接合时，这两个纯系培养群就是相对接合型，可进一步用于草履虫接合生殖的实验观察。

作业

1. 绘制草履虫放大图。

2. 草履虫还可能会对哪些因子做出应激反应呢？请设计一个新的应激实验，写出实验目标、实验方法、数据采集与分析方法，以及预期结果。

3. 请结合实验观察思考，单细胞的原生动物是如何完成独立生活的？

拓展阅读

缪炜. 原生动物四膜虫"小材"有"大用"[J]. 生物学通报，2010，45（12）：1-4.

史新柏. 草履虫的有性生殖[J]. 生物学通报，1998，33（9）：9-12.

史新柏，杨仙玉. 草履虫接合型的获得及诱导接合的方法[J]. 1992，27（8）：42-43.

实验 4 疟原虫等寄生生活的原生动物

实验目的
- ○ 通过观察多种疟原虫不同生活史阶段的形态结构，掌握寄生原生动物的主要特征
- ○ 认识重要的寄生原生动物

实验内容
- ○ 观察间日疟原虫不同生活史阶段的形态结构
- ○ 观察、比较寄生于人体的常见疟原虫的特征
- ○ 观察、识别重要的寄生原生动物

实验材料与用品
- ○ 间日疟原虫滋养体、裂殖体和配子体的玻片标本，恶性疟原虫、三日疟原虫、杜氏利什曼原虫、锥虫、痢疾内变形虫的玻片标本
- ○ 普通光学显微镜、油镜专用油、载玻片、甲醇、吉姆萨染液、感染疟原虫的家鸡、毛细管等

实验提示
- ○ 在使用油镜进行观察的过程中，一定要严格按规范进行操作，避免压碎玻片或损坏镜头

实验操作与观察

1. 间日疟原虫形态的观察

在油镜下观察间日疟原虫 (*Plasmodium vivax*) 血液染色涂片。涂片中红色圆形的细胞是红细胞。红细胞内各期疟原虫的细胞质为天蓝色至深蓝色，细胞核为红色，疟色素呈棕黄色、棕褐色或黑褐色。结合间日疟原虫各生活史阶段的玻片标本，仔细观察其各时期的形态特征（图 4-1）。

（1）滋养体　滋养体是疟原虫在红细胞中摄食和生长发育的阶段。裂殖子进入红细胞后，首先发育成环状体。其个体很小，中间有空泡，细胞核偏在一侧，周围有细胞质，很像镶有宝石的戒指，因此称为环状滋养体（图 4-1a）。随后虫体长大，细胞核增大，细胞质增多，发育成形态不规则的阿米巴状的滋养体，细胞质中开始出现疟色素，此时称为大滋养体。

（2）裂殖体　大滋养体进一步发育后，细胞核开始分裂而细胞质尚未分裂，称为未成熟裂殖体。细胞核经多次分裂后，细胞质也随之分裂，包围在每个细胞核的周围，成为卵圆形的裂殖子。此时期的疟原虫几乎充满整个红细胞，疟色素集中成团，成为成熟裂殖体（图 4-1b），一般含有 12～24 个裂殖子，多为 16 个。

（3）配子体　经过多次裂体生殖后，部分裂殖子侵入红细胞后发育长大，细胞核增大而不分裂，细胞质增多而不变形，最后发育为圆形的虫体，称为配子体（或称配子母细胞）。大配子体（即雌配子体，图 4-1c）个体较大，充满红细胞；细胞核多偏在一边，核质较紧密；疟色素比较粗大。小配子体（即雄配子体，图 4-1d）个体较小；疟色素较少且细小；细胞核疏松，位于中部。

▶ 视频 4-1　原生动物的代表动物——间日疟原虫

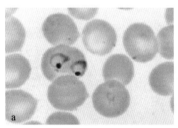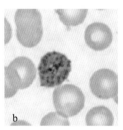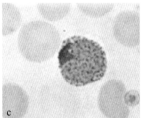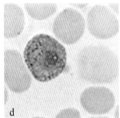

图 4-1 间日疟原虫各时期的形态
a. 环状滋养体；b. 成熟裂殖体；c. 大配子体；d. 小配子体

2. 寄生于人体的其他常见疟原虫的比较观察

（1）恶性疟原虫（*P. falciparum*）　环状滋养体比较纤细，约为红细胞直径的 1/5，每个红细胞能被 2 个以上疟原虫感染，虫体常位于红细胞的边缘。成熟裂殖体中含 8～32 个裂殖子，多为 16 个，排列不规则，疟色素集中成一团。大配子体呈新月形；细胞核深红色，常位于虫体中央；疟色素黑褐色。小配子体呈长椭圆形；细胞核淡红色；疟色素黄棕色，小棒状，分布于细胞核的周围。

（2）三日疟原虫（*P. malariae*）　环状滋养体比较粗壮，细胞质深蓝色。大滋养体的疟色素呈棕黑色，常分布于虫体边缘。成熟裂殖体含 6～12 个裂殖子，多为 8 个，呈环状排列。大配子体为圆形，细胞质深蓝色，细胞核位于虫体一侧，疟色素较多且分散。小配子体也为圆形；细胞质疏松，呈淡蓝色；细胞核致密而位于虫体的一侧。

3. 示范实验

（1）观察杜氏利什曼原虫（*Leishmania donovani*）　利杜体（无鞭毛体）寄生于人体网状内皮细胞中，为卵圆形小体，无鞭毛。（前）鞭毛体寄生在白蛉子体内，为长梭形，具鞭毛。

（2）观察锥虫（*Trypanosoma*）　锥虫在血液内寄生，体呈纺锤形，鞭毛自后端发出，折向前，与细胞表面形成一波动膜。细胞核位于体中央。

　? 锥虫在血液中是如何运动的？

（3）痢疾内变形虫（*Entamoeba histolytica*）　该寄生虫寄生在人肠内，是阿米巴痢疾的病原体。其大滋养体的外质透明，内质有很多细的颗粒状物，常含有被吞食的红细胞；细胞核圆形，核仁位于细胞核的中央。

　? 小滋养体、包囊的结构和功能与大滋养体有何不同？

4. 选做小实验——血涂片的制作与染色

将干净的载玻片放在平整的桌面上。用毛细管吸取感染疟原虫的家鸡血液，在载玻片的一端滴加 1 滴血液（5～10 μL），取另一载玻片作为推片，迅速倾斜地将推片边缘与血滴接触，待血液沿推片短边扩散开后，平稳地将所持推片向前推动，至无聚集状血液，此时血液在载玻片上呈舌状展开，制成血涂片。将血涂片放在通风干燥处尽快晾干（也可以用小风扇吹干）。随后将血涂片浸润于甲醇中，固定 1～3 min，取出后在洁净环境中自然晾干。将血涂片置于染色架上，浸泡于吉姆萨染液中，室温浸染 15～30 min，以流水冲

图 4-2 已染色的血涂片

洗至水流无色。室温晾干后，即完成血涂片的染色（图 4-2）。

作业

1. 寄生生活的原生动物在形态特征上与草履虫等自由生活的原生动物有哪些主要区别？

2. 请结合实验观察思考，以疟原虫为代表的寄生原生动物在不同生活史阶段经常会发生形态上的改变，这对其生存和繁殖有何重要意义？

拓展阅读

朱启顺，伍治平. 人体及动物疟原虫 [M]. 北京：高等教育出版社，2012.

实验 5 多细胞动物的早期胚胎发育及水螅等刺胞动物

实验目的　　◎ 通过观察海星早期胚胎发育的各个时期，掌握多细胞动物早期发育的一般过程，理解多细胞动物的起源
　　　　　　　◎ 通过对水螅及其他刺胞动物的观察，掌握刺胞动物门的主要特征

实验内容　　◎ 海星早期胚胎发育中受精卵、卵裂，以及从囊胚期到原肠胚期的观察
　　　　　　　◎ 活水螅，以及水螅横切片、纵切片的观察
　　　　　　　◎ 水螅过精巢、卵巢切片及神经网装片，薮枝螅、桃花水母、海月水母、海蜇、海葵、红珊瑚等示范观察

实验材料与用品　◎ 活的水螅和水蚤，海星的受精卵、卵裂、囊胚期、原肠胚期装片，水螅横切、纵切装片，水螅过精巢、卵巢切片，水螅神经网装片，薮枝螅、桃花水母、海月水母、海蜇、海葵、红珊瑚的浸制标本
　　　　　　　◎ 普通光学显微镜、实体显微镜、放大镜、吸管盖玻片、载玻片、培养皿、解剖针、牙签、5% 乙酸溶液等

实验提示　　◎ 观察海星早期胚胎装片，宜在低倍镜下进行
　　　　　　　◎ 观察处于不同平面的胚胎细胞时，应通过转动细调焦旋钮进行逐层观察，不宜用粗调焦旋钮
　　　　　　　◎ 注意观察海星早期胚胎各期细胞的大小比例。在 4 细胞期以后，细胞排列不在一个平面上

实验操作与观察

1. 海星早期胚胎发育各阶段的形态观察

（1）海星卵裂装片观察（图 5-1） 在低倍镜下分别识别下列各时期。单细胞时期只有 1 个大细胞，其中有两种情况，一种是可看到大而清晰的细胞核，这是未受精卵；另一种则看不到细胞核，这是受精后待分裂的卵。受精卵进行第一次分裂后，形成 2 个连在一起的较小的细胞，这是 2 细胞时期。再进行一次分裂则成为 4 细胞时期。第三次分裂就进入 8 细胞时期。但在普通光学显微镜下并非一下就能看清 8 个细胞。因为 4 细胞时期后，细胞排列不在同一平面上，所以必须及时转动细调焦旋钮才能看清。之后再进行分裂就进入 16 细胞时期、32 细胞时期。

（2）海星囊胚期装片观察（图 5-2） 囊胚期是由单层细胞构成的空球状结构。由于观察的是装片，所以细胞界线不明显。中央的空腔称为**囊胚腔**（或卵裂腔）。

❓ 空球状结构的囊胚为何看上去呈环状？

（3）海星原肠胚期装片观察（图 5-3） 囊胚一端的细胞内陷，形成具有两层细胞的胚，称为原肠胚。外面的细胞层称为外胚层，里面的细胞层称为内胚层，两胚层之间的空腔是原来的囊胚腔，内胚层包围的腔是原肠腔。原肠腔和外界相通的小孔称为胚孔。

▶ 视频 5-1　多细胞动物的早期胚胎发育

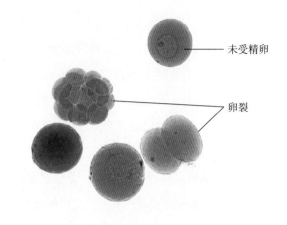

未受精卵

卵裂

图 5-1 海星卵裂形成的多细胞时期（×100）

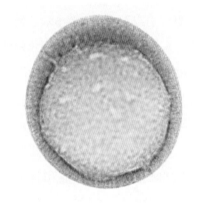

图 5-2 海星的囊胚（×100）

图 5-3 海星的原肠胚（×100）

2. 水螅的观察

（1）活的水螅 用吸管（边吸边刮）将水螅放入盛有水的培养皿中，待其完全伸展后，用实体显微镜观察（图5-4）。水螅体呈圆柱状，附着在物体上的一端称基盘，另一端为圆锥形突起，称垂唇。垂唇中央为口，周围有一圈细长的触手。请你数一数触手的数目，注意观察垂唇和口的形状，并思考水螅的这种体形属于哪种对称形式。用解剖针轻轻触动水螅的1条触手，观察它有何反应。再稍用力触动一下，它又有何反应？

⏹ 怎样从结构上去理解这两种不同的反应现象？

水螅置于载玻片上，将5%乙酸滴于玻片上，盖上盖玻片，可观察到水螅的刺细胞释放出刺丝和刺丝囊（图5-5）。

（2）水螅的切片 先用放大镜观察水螅纵切片，识别出水螅的口端和基盘的一端。再用普通光学显微镜低倍镜观察，辨认出表皮层、中胶层和胃层，中央的空腔即为消化循环腔。观察纵切的触手间是否有腔，与消化循环腔的关系又是怎样的。若有芽体，则观察芽体的胚层与母体的关系。在低倍镜下观察水螅横切片，结合刚才观察的纵切面，辨认出组成水螅体壁的内外两层、中胶层和消化循环腔。注意观察内、外胚层分化的细胞有何不同。

将体壁的一部分移至视野中心，转

图5-4 活的水螅

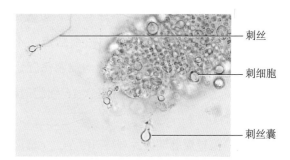

图5-5 水螅触手上的刺细胞及刺丝（×100）

刺丝
刺细胞
刺丝囊

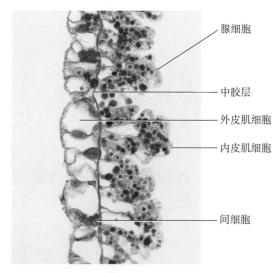

图5-6 水螅纵切局部放大图（×100）

腺细胞
中胶层
外皮肌细胞
内皮肌细胞
间细胞

至高倍镜观察。在表皮层中可看到大而结构清楚的外皮肌细胞。在皮肌细胞间可看到较小的（与皮肌细胞的细胞核大小相似）数个在一起的细胞，称间细胞。有些中央具有一染色较深的圆形或椭圆形囊的细胞为刺细胞，其囊称刺丝囊。

　　? 间细胞和刺细胞各有何功能？其他类群的动物是否也有刺细胞？

　　胃层的内皮肌细胞占大多数，细胞大，细胞核清晰，并含有许多染色较深的圆形食物泡；有时可看到较小的细胞，游离缘含有细小的深色颗粒，此为腺细胞。

　　? 内皮肌细胞和腺细胞在水螅消化食物过程中的功能有何不同？

3. 示范实验

　　（1）水螅的过精巢和卵巢（图 5-7）　通过切片观察水螅过精巢、卵巢的结构，并思考它们是从哪个胚层分化来的。

　　（2）水螅的神经网（图 5-8）　神经细胞呈不规则多角状，观察它们彼此之间是如何联系的，并思考其神经传导有何特点。

　　（3）薮枝螅　先观察群体的浸制标本（图 5-9）。识别螅根、螅茎。螅体较小，须注意观察。然后观察染色的整体装片，认出连接水螅体与生殖体之间的共肉。观察生殖体，思考它们以什么方式产生水母芽。

　　（4）桃花水母　水螅纲小型淡水水母，水母体伞状部直径约 1 cm，有世代交替，水螅体较小。

　　（5）海月水母　辨认其口面与反口面。观察其消化循环腔与水螅水母有何不同，以及生殖腺位于何处、来自哪个胚层、感觉器官位于何处。

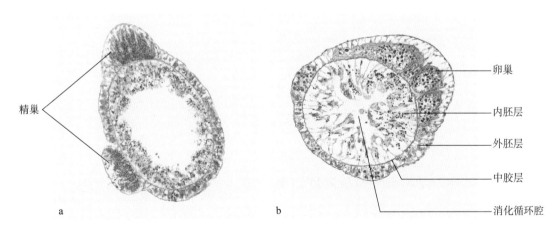

图 5-7 水螅过精巢（a）与卵巢（b）的横切

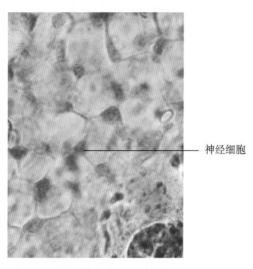

神经细胞

图 5-8 水螅的神经网

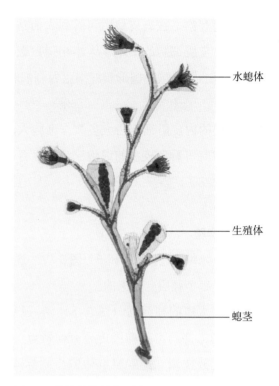

水螅体

生殖体

螅茎

图 5-9 薮枝螅的整体形态

（6）海蜇　伞部为半圆球形。观察其口腕有何特点、吸口位于何处，思考我们食用的蜇头和蜇皮为海蜇的哪一部分。

（7）海葵　注意观察口道、口道沟、隔膜、隔膜丝和生殖腺等结构。思考其生殖腺来自哪个胚层。

（8）红珊瑚　红色的中轴骨骼呈树状。

作业

1. 绘制水螅纵切放大图并详细绘制其中一部分。

2. 总结刺胞动物门的主要特征。

拓展阅读

BODE H. Developmental biology of *Hydra* [M]. London: Cambridge University Press, 2002.

实验 6 涡虫

实验目的　　　◎ 理解扁形动物门的主要特征

　　　　　　　　　◎ 掌握扁形动物的代表——涡虫的结构特点

实验内容　　　◎ 涡虫活体观察

　　　　　　　　　◎ 涡虫整体装片观察

　　　　　　　　　◎ 涡虫横切面装片观察

　　　　　　　　　◎ 涡虫神经系统装片和平角涡虫整体装片的观察

实验材料与用品　◎ 培养的活涡虫、涡虫整体装片、涡虫横切面装片、银染处理的涡虫神经系统示范装片、平角涡虫装片

　　　　　　　　　◎ 普通光学显微镜、解剖镜、放大镜、玻璃培养皿、镊子、毛笔、载玻片、盖玻片、解剖针、双面刀片、滴管、吸水纸

实验提示　　　◎ 常规处理的涡虫整体装片不易显示神经系统和原肾管系统，经过数日的饥饿刺激后，在显微镜下进行涡虫活体观察可见到焰细胞等原肾管系统

　　　　　　　　　◎ 涡虫的运动依靠肌肉、纤毛及其分泌的黏液，注意观察三者是如何协作让涡虫完成运动的

实验操作与观察

1. 涡虫活体观察

涡虫的采集和培养见附录 I。

（1）外形与运动观察 用毛笔蘸取 1 条涡虫，放在载玻片上或者培养皿中，用放大镜或者解剖镜观察涡虫。

外形：涡虫体扁长，背面颜色较深，体前端呈三角形，两侧各有一突起，为耳突。耳突内侧有 1 对黑色的眼点。用解剖针轻轻将虫体翻过来，可见腹面颜色较浅、密生纤毛，腹面中央后 1/3 处有口。在培养皿中放 1 条饥饿数日的涡虫，取一小块新鲜猪肝或鱼鳃置于培养皿中，解剖镜下观察，待涡虫爬在食物上约 1 min 后，用解剖针迅速将涡虫翻转过来，可观察到从其口中伸出的肌肉质咽。

　⸮ 涡虫的耳突有何功能？

运动：涡虫的运动方式是平稳地向前滑动。用毛笔将其挑起来腹面向上放置，可观察到涡虫会通过身体的摆动翻转过来，其间可以改变身体的粗、细和长、短，身体还能完成斜向对折。

　⸮ 涡虫是如何完成运动的？

（2）原肾管结构观察 取 1 条饥饿数日的涡虫，置于加少量水的载玻片上，加盖玻片后用镊子轻压，使涡虫体壁破碎、组织外溢。静置片刻，在低倍镜下可见体两侧一系列不规则的光亮分支。选取一段清晰处转至高倍镜下观察，光亮分支的盲端即为焰细胞，其内有摆动的纤毛束，焰细胞之后即为原肾管的管腔。

2. 涡虫整体装片观察

整体装片中的涡虫，前端较钝，后端较尖，耳突常不明显。

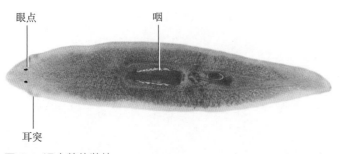

眼点　　　　　咽

耳突

图 6-1 涡虫整体装片

（1）消化管 涡虫体中央的开口为口。由口向前，有一伸到其身体前约 1/3 处的肌肉质管状结构为咽，咽为咽囊所包围（图 6-1）。咽后为肠，肠分 3 支，1 支向前、2 支向后，每支又分出许多细小的侧支，侧支的末端为盲端

（图 6-2）。

? 涡虫无肛门，那么食物残渣从哪里排出？

（2）生殖器官　涡虫为雌雄同体，在虫体两侧各有 1 列小球形的精巢，每个精巢各发出 1 条输精小管（输精小管不容易看清楚），各输精小管通入输精管；左、右 2 条输精管在体中部膨大为贮精囊；左、右贮精囊在体后部汇合后，接肌肉质的阴茎（图 6-3），通入生殖腔；生殖腔以生殖孔与外界相通。虫体前端两侧有圆形卵巢 1 对，分别接 1 条输卵管；输卵管沿途收集分支状卵黄腺产生的卵黄，汇合至阴道后通入生殖腔；受精囊也通入生殖腔。

图 6-2 涡虫消化系统

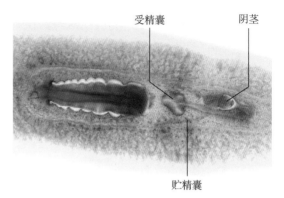

图 6-3 涡虫局部放大（示贮精囊、受精囊、阴茎）

3. 涡虫横切面装片观察（图 6-4）

（1）体壁　涡虫最外层是由单层柱状上皮细胞构成的表皮。在上皮细胞之间可见染色较深的条形杆状体，以及囊状、含深色颗粒的腺细胞；腹面的柱状上皮细胞具纤毛。

? 杆状体和腺细胞的作用分别是什么？腹面的纤毛有什么作用？

上皮细胞层内侧为 1 层非细胞构造的基膜。基膜下有 3 层肌肉，由外到内依次为环肌、斜肌和纵肌。3 层肌肉与表皮构成体壁，这种体壁称为皮肤肌肉囊。在背腹体壁间还

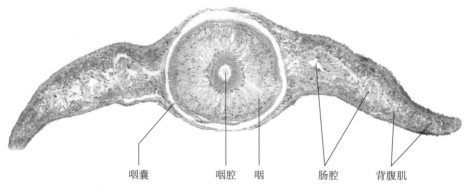

图 6-4 涡虫过咽横切面

可见成束的背腹肌（图 6-5）。

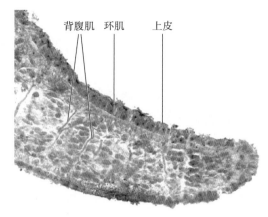

[?] 背腹肌的作用是什么?

（2）肠壁　切片中还可以观察到几个空腔，即为肠腔。肠壁由单层肠上皮细胞构成。

[?] 为什么切片中常会观察到多个肠腔的切面?

（3）实质组织　体壁与肠壁之间填满了中胚层来源的实质（属于结缔组织）。

图 6-5 涡虫过咽横切面局部放大

4. 示范实验

（1）涡虫的神经系统观察　常规处理的涡虫整体装片标本不易观察到神经系统。将银染法处理后的涡虫置于显微镜下，可见虫体前端有 1 对膨大的神经节，为脑。其后有 2 条纵神经索，索间有许多横神经连接。整个中枢神经系统呈梯形。

（2）平角涡虫（*Planocera*）观察（图 6-6）　平角涡虫属多肠目（Polycladida），栖息于海边石块下；体宽大，椭圆形，长 30 ~ 40 mm；淡黄色，背面有黑点；前端背面有 1 对触角，背侧两边有多个单眼；口在腹面正中，经咽入肠的主管，主管分出许多侧支；雌雄同体。

图 6-6 平角涡虫
a. 背面；b. 腹面

5. 选做小实验

（1）涡虫的再生观察　取 1 条涡虫置于载玻片上，静置至涡虫身体伸直后，用双面刀片迅速切下其身体前段 1/3。待其停止摆动后，将后段再横切成两段。这样，1 条涡虫被切成 3 段。将各段分别放在盛有适量清水的培养皿中。重复实验 5 ~ 8 组。将培养皿置于 16℃的恒温箱中培育，其间不需要给涡虫喂食。每天在显微镜下检查 1 次切割后的涡虫，观察不同切割段的伤口愈合、眼点和耳突等形成的过程，比较不同段的再生速度。

▷ 视频 6-1　扁形动物的繁殖与再生

（2）涡虫的避光性观察　吸取 3~5 条涡虫，分别置于装有清水的培养皿中，在培养皿中放置 2~3 块表面不平整的干净小石子，观察涡虫的运动方向和最后的分布情况。再用黑纸罩住培养皿，10 min 后再观察培养皿中涡虫的分布。

作业

1. 绘制涡虫横切面图，并注明各部分的名称。

2. 相比刺胞动物，扁形动物有哪些进化特征？

3. 请描述涡虫如何完成取食和消化？

拓展阅读

陈广文，陈晓虹，刘德增 . 中国涡虫纲分类学研究进展 [J]. 水生生物学报，2001，25（4）：406-411.

刘德增 . 中国淡水涡虫 [M]. 北京：北京师范大学出版社，1993.

马克学，陈广文，马克世 . 涡虫再生研究进展 [J]. 生物学教学，2008，33（1）：6-8.

CORSO G，MANCONI R，STOCCHINO G A. A histochemical study of the reproductive structures in the flatworm *Dugesia leporii* [J]. Invertebrate Biology，2006，125（2）：91-105.

KNAKIEVICZ T，VIEIRA S M，ERDTMANN B，et al. Reproductive modes and life cycles of freshwater planarians from southern Brazil [J]. Invertebrate Biology，2006，125（3）：212–221.

MORGAN T H. Experimental studies of the regeneration of *Planaria maculata* [J]. Archiv für Entwickelungsmechanik der Organismen，1898，7（2）：364–397.

ZENG A，LI H，GUO L H，et al. Prospectively isolated tetraspanin[+] neoblasts are adult pluripotent stem cells underlying *Planaria* regeneration [J]. Cell，2018，173（7）：1593–1608.

实验 7 寄生性扁形动物

实验目的
◎ 了解华支睾吸虫和猪带绦虫的形态特征
◎ 了解寄生虫适应于寄生生活方式的结构特点
◎ 认识常见寄生性扁形动物
◎ 掌握寄生性扁形动物的主要特征

实验内容
◎ 华支睾吸虫整体装片标本观察
◎ 猪带绦虫头节（或囊尾蚴）、成熟节片、孕卵节片装片的标本观察
◎ 布氏姜片虫、肝片吸虫、日本血吸虫、细粒棘球绦虫整体装片观察，猪带绦虫、牛带绦虫的头节和孕卵节片的示范观察

实验材料与用品
◎ 华支睾吸虫整体装片，猪带绦虫成虫节片装片，布氏姜片虫、肝片吸虫、日本血吸虫、细粒棘球绦虫整体装片，牛带绦虫头节装片，猪带绦虫、牛带绦虫浸制标本
◎ 放大镜、普通光学显微镜、解剖镜

实验提示
◎ 华支睾吸虫装片中的卵巢、输卵管、成卵腔、梅氏腺等器官之间的联系由于挤压、覆盖等原因，多不易观察清楚；成卵腔、梅氏腺不容易观察
◎ 吸虫和绦虫的装片标本有一定的厚度，观察时要注意先用低倍镜观察；在高倍镜下观察时，注意调节细调焦旋钮，以看清楚各个层次的结构

实验操作与观察

1. 华支睾吸虫整体装片的观察

先用放大镜（或通过肉眼）观察华支睾吸虫的轮廓。可见华支睾吸虫呈柳叶状，体前端窄、后端宽（图 7-1）。

（1）吸盘　换用显微镜观察，可看到虫体最前端有一中央具凹陷的圆形结构，为口吸盘。转动细调焦旋钮可以看清吸盘上放射状的肌肉。口吸盘的中央为口，在距前端约 1/5 处有肌肉质的腹吸盘。

　[?] 华支睾吸虫的口吸盘具有何种结构特点，能让其吸附于宿主器官的上皮？

（2）消化器官　口后有一椭圆形的肌肉质结构，为咽。咽后接一短而细的食管，食管向身体两侧分出 2 条较粗的肠，通向后方。肠为末端封闭的盲管。

（3）排泄器官　调节光阑，可观察到虫体两侧、肠外侧有 2 条略弯曲、半透明的管状结构，为排泄管。左、右 2 条排泄管在虫体后 1/3 的体中线处汇合，汇合后形成 1 条半透明弯曲粗管，为排泄囊。排泄囊的末端为排泄孔，通体外。

（4）雄性生殖器官　华支睾吸虫雌雄同体。在虫体后端 1/3 处有 2 个前后排列、呈

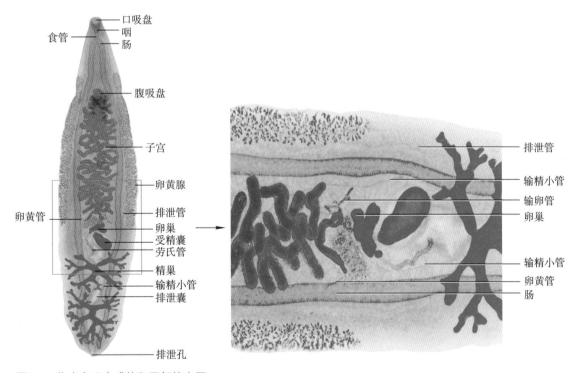

图 7-1　华支睾吸虫成体和局部放大图

鹿角状分支的精巢。每个精巢近中央处分别向前各伸出1根细管，为输精小管（或称输出管）。2条输精小管在中部汇合成输精管，输精管前方的膨大结构为贮精囊。在装片中，输精管和贮精囊常位于盘曲的子宫下方，需要仔细调节细调焦旋钮，聚焦到子宫下方才可观察到。贮精囊的末端为雄性生殖孔，开口于腹吸盘前方。

（5）**雌性生殖器官** 精巢前方有一不规则形状、颜色较深的器官，为卵巢。卵巢后方有一较大的椭圆形、色深的囊状结构，为受精囊。受精囊一侧有一明显的短管，为劳氏管。卵巢之后的细管为输卵管，输卵管后段为成卵腔。成卵腔周围被梅氏腺包围，梅氏腺为卵巢一侧的一团零散细胞。输卵管、成卵腔和梅氏腺等结构由于被其他结构遮盖，一般不易观察到。

卵巢上方较粗的、迂曲盘旋伸到腹吸盘的褐色长管状结构为子宫。子宫内有大量椭圆形的卵。子宫末端为雌性生殖孔，与雄性生殖孔并排于腹吸盘前方。在虫体两侧、消化管与体壁之间的泡状腺体为卵黄腺。两侧的卵黄腺各发出1条细管伸向虫体中央，为左、右卵黄管。2条卵黄管在虫体1/2稍后处汇合为1条卵黄总管（图7-1）。

⁇ 华支睾吸虫雌性生殖系统各器官是如何连接的？各器官的功能分别是什么？

2. 猪带绦虫成虫节片装片的观察

（1）**头节** 取头节（或翻出头节的囊尾蚴，囊尾蚴细小的一端为头节）观察。头节前端中央为顶突，顶突上有内、外两圈小钩，侧面有4个大而圆的吸盘（图7-2）。

（2）**未成熟节片** 猪带绦虫颈部的节片，呈扁长方形。

（3）**成熟节片** 猪带绦虫的成熟节片近方形（图7-3）。调节光阑，可见每一节片的两侧近边缘处有一透明的纵排泄管，在节片的下缘有一横排泄管。纵排泄管外侧各有1条不太明显的神经索。

猪带绦虫的生殖系统非常发达，充满了整个节片。节片内有多个小球状精巢（尤以节片两侧为多），每个精巢连一输精小管，输精小管汇合为输精管（输精小管和输精管均不易观察清楚）。节片中央有一近乎水平、染色较深的粗大结构，为贮精囊，其后为阴茎，

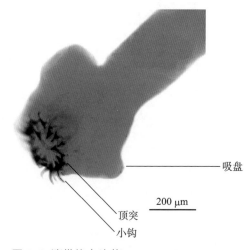

吸盘

200 μm

顶突
小钩

图7-2 猪带绦虫头节

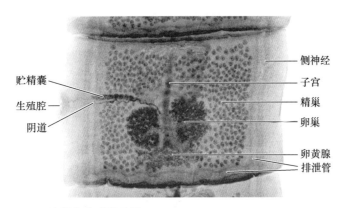

图 7-3 猪带绦虫成熟节片

（图中标注：侧神经、子宫、精巢、卵巢、卵黄腺、排泄管、贮精囊、生殖腔、阴道）

阴茎通入椭圆形的肌肉质阴茎囊内。

成熟节片后半部中央有染色较深的分支状结构，为卵巢（中间的一叶卵巢常较小，不易看清）。卵巢下方、靠近节片底部中央的颗粒状结构为卵黄腺。成卵腔和梅氏腺位于卵黄腺的中央（成卵腔和梅氏腺不易观察到）。节片中央有一竖立、粗大或有简单分支的盲管，为子宫。在贮精囊之下有一斜向上行、染色较深的波浪状细管，为阴道。雌性生殖孔亦开口于生殖腔。

[?] 猪带绦虫雌性生殖系统各器官是如何连接的？各器官的功能分别是什么？

（4）孕卵节片　猪带绦虫的孕卵节片呈长方形，排泄管和神经索同成熟节片，节片内几乎为分支状的子宫所占据（图 7-4）。子宫内充满近圆形的卵，卵具壳。

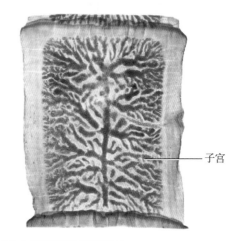

图 7-4 猪带绦虫孕卵节片

（图中标注：子宫）

3. 示范实验

（1）布氏姜片虫（*Fasciolopsis buski*）整体装片的观察　虫体大而肥厚（图 7-5），腹吸盘显著大于口吸盘。肠在腹吸盘前分为两支，肠无侧支，雌雄同体。

[?] 布氏姜片虫成虫寄生于何处？其中间寄主是什么生物？

（2）肝片吸虫（*Fasciola hepatica*）整体

图 7-5 布氏姜片虫

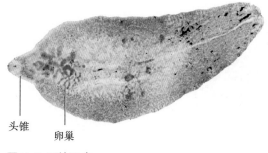

头锥　卵巢

图 7-6　肝片吸虫

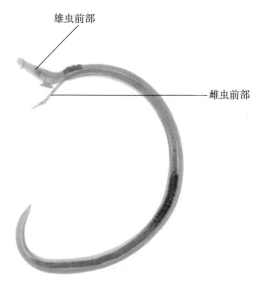

雄虫前部

雌虫前部

图 7-7　日本血吸虫

装片的观察　虫体扁大，肠有侧支，前端突起为头锥，雌雄同体（图 7-6）。卵巢呈鹿角状。

[?] 肝片吸虫的中间寄主是什么生物？它如何进入寄主体内？

（3）日本血吸虫（*Schistosoma japonicum*）整体装片的观察　日本血吸虫雌雄异体，常合抱在一起。雄虫粗短，体腹面有抱雌沟，精巢 7 个。雌虫细长，卵巢为椭圆形（图 7-7）。

[?] 血吸虫寄生于何处？其中间寄主是什么生物？它是如何感染寄主的？

（4）细粒棘球绦虫（*Echinococcus granulosus*）整体装片的观察　成虫体长 3~6 mm，除头节外，由未成熟节片、成熟节片和孕卵节片 3 个节片组成。

[?] 细粒棘球绦虫的终寄主、中间寄主各是什么？

（5）猪带绦虫（*Taenia solium*）浸制标本观察　成虫体长 2~4 m，有 800~1 000 个节片。孕卵节片中子宫每侧有 7~13 个分支。

（6）牛带绦虫（*Taenia saginata*）头节装片与浸制标本观察　成虫体长 5~8 m，有 1 000~2 000 个节片。头节方形，无小钩。孕卵节片中子宫每侧有 15~30 个分支。

作业

1. 绘制华支睾吸虫整体放大轮廓图，详绘其雄性生殖系统。

2. 查阅文献，比较、识别寄生性扁形动物的卵的形态结构差异。

3. 了解血吸虫病在我国的感染和防控情况。

4. 总结吸虫和绦虫适应寄生生活的特征。

拓展阅读

包怀恩 . 我国亚洲牛带绦虫研究的现状和展望 [J]. 热带医学杂志，2002（3）：215-218，299.

刘永杰，李庆章，郝艳红 . 猪带绦虫囊尾蚴的发育过程及形态观察 [J]. 中国寄生虫学与寄生虫病杂志，2002，20（5），305-307.

马云祥，刘建侯，王运章，等 . 猪带绦虫囊尾蚴发育规律的实验观察 [J]. 中国寄生虫病防治杂志，1992（1）：38-41.

唐仲璋，唐崇惕 . 中国吸虫学 [M]. 福州：福建科学技术出版社，2005.

徐凤全，时法茂，张志华，等 . 华支睾吸虫病流行病学调查及防制策略与措施探讨 [J]. 中国公共卫生，2003，19（4）：420-421.

实验 8 河蚌及其他双壳纲动物

实验目的
◦ 掌握双壳纲动物的解剖方法
◦ 了解河蚌的形态和结构，掌握双壳纲动物的主要特征
◦ 认识双壳纲动物的重要类群

实验内容
◦ 河蚌外形观察
◦ 河蚌解剖
◦ 双壳纲常见重要种类示范观察

实验材料与用品
◦ 活体河蚌及浸制河蚌标本、河蚌鳃横切片、双壳纲常见重要种类的标本或装片
◦ 普通光学显微镜、解剖镜、放大镜、蜡盘、解剖器、吸管、稀释的墨汁、稀释的红墨水、小球藻或微囊藻培养液、水族箱（内铺 10 cm 厚的沙子）、水浴锅

实验提示
◦ 在制作河蚌浸制标本时，可待河蚌双壳张开时（或撬开），在其两壳之间放入一厚 0.5~1 cm 的小木块，然后浸泡。此法可减少标本腐坏率，且便于后续实验中打开双壳
◦ 打开河蚌双壳的时候要非常小心，避免贝壳破碎划伤手
◦ 一般建议打开和移去左壳，便于沿着自左向右、从前向后的方向观察河蚌的内部结构
◦ 河蚌神经节的解剖是难点，可通过小心剥离前缩足肌附近、后闭壳肌下方、足与内脏团交界处的组织来寻找各神经节

实验操作与观察

1. 河蚌呼吸、运动的观察

将河蚌置于铺有沙子的水族箱内，静置 10 ~ 15 min。待其双壳微微张开后，用吸管向水族箱内河蚌体后面附近的水中轻轻滴几滴稀释的墨汁（注意不要碰到河蚌）。观察墨汁从哪里被吸入河蚌体内，又由哪里排出。在安静无振动的情况下，观察水族箱中河蚌壳的张开和闭合。

2. 河蚌外形观察

河蚌有两个等大、近椭圆形的贝壳，前端钝圆，后端稍尖（图 8-1）；两壳铰合的一面为背面，分离的一面为腹面。手持河蚌，使其背面朝上、腹面向下，后缘抵着观察者的腹部，则观察者左、右和蚌体的左、右一致。

壳背面略偏向前端的隆起为壳顶；壳前面稍凹的地方为小月面；壳顶后方的披针形面为楯面；壳表面有以壳顶为中心、与壳的腹面边缘相平

图 8-1 河蚌外形

行的弧线，为生长线；有些个体还有自壳顶发出的放射状花纹。壳背面的黑褐色致密结缔组织为韧带（如不明显，可打开壳后从内部观察）。韧带为壳张开提供动力。

3. 河蚌解剖

将河蚌左侧向上，放在解剖盘中。将解剖刀刀柄较薄的一端平行插入河蚌腹面两壳之间（刀柄上先不要装刀片，以免划伤自己），刀柄插入河蚌壳内约 1 cm。将刀柄沿着河蚌腹缘缓慢向前或向后滑动，然后慢慢扭转刀柄，将壳撑开，然后将镊子柄插入取代刀柄。再用刀柄沿镊子撑开的缝隙、紧贴左壳的内表面插入，分离与贝壳紧贴的外套膜，观察前后闭壳肌的位置。最后装上刀片，将解剖刀紧贴贝壳伸入，切断前、后闭壳肌（切的时候解剖刀尽量紧贴贝壳，以免破坏其他结构），贝壳即可打开。

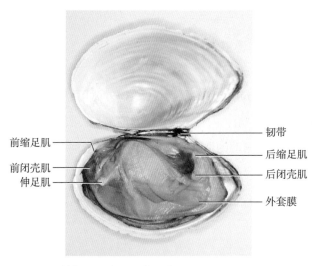

前缩足肌

前闭壳肌

伸足肌

韧带

后缩足肌

后闭壳肌

外套膜

图 8-2 河蚌打开贝壳后原位观察

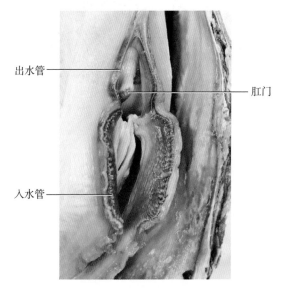

出水管

肛门

入水管

图 8-3 河蚌后部结构（示出水管、入水管）

打开贝壳后，进行原位观察，覆盖在软体部分表面的结构为外套膜（图 8-2）。

（1）贝壳和外套膜　观察取下的左壳，贝壳最外面为褐色的角质层，壳内表面为有光泽的珍珠层，二者之间为发达的棱柱层（从贝壳断面可见该层结构）。

外套膜左右各 1 片（图 8-2），两片外套膜包围的空腔为外套腔。外套膜前、后、腹缘游离且加厚，上有许多乳突状感觉器。左、右外套膜的后缘分别特化为"ε"和"3"字形，合抱后在外套膜的后缘形成了"8"字形结构，是水进、出外套腔的开口（称为出水管和入水管，图 8-3）。

⁇ 仔细观察出水管、入水管壁上的结构，你认为哪一个是水进入外套腔的开口，为什么？

（2）肌肉和肌痕　观察贝壳内表面，可见贝壳上留有一些肌肉断面或肌肉附着的痕迹。在贝壳的前、后均有一较粗大的肌肉附着痕，分别为前、后闭壳肌痕；前闭壳肌内侧腹方有一小束肌肉，为伸足肌；前、后闭壳肌背方内侧各有一小束肌肉，为缩足肌（在解剖实验最后可沿伸、缩足肌斜下行剥离，观察这些肌肉与足的联系）。在两外套膜之间，有一发达的肌肉质结构，楔形，向前下方伸出，为足。足的后上方较肥厚的结构为内脏团。

⁇ 贝壳闭合、张开的动力分别来自哪里？

（3）呼吸器官　剪掉一侧外套膜的游离部分（即外套膜下半部），可见每侧外套膜之下各有2片瓣状的鳃，即为2个鳃瓣。其中，靠近外套膜的一片为外鳃瓣，靠近足和内脏团的一片为内鳃瓣（图8-4）。有些河蚌的外鳃瓣特别肥大，挑破后可见其内涌出白色小颗粒，取1滴内容物在显微镜下观察，可见钩介幼虫（图8-5）。

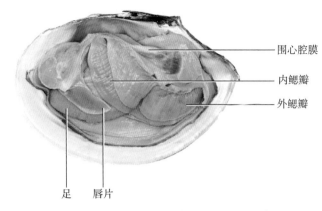

围心腔膜

内鳃瓣

外鳃瓣

足　唇片

图8-4 河蚌打开贝壳后原位观察（去掉一侧外套膜）

解剖河蚌并结合河蚌鳃的横切片观察：每一鳃瓣是由2片鳃小瓣在腹缘及前、后缘相连而成的，靠近体外侧的为外鳃小瓣，靠近体内侧的为内鳃小瓣；内、外鳃小瓣间由许多纵行隔膜连接，为瓣间隔；由内、外鳃小瓣及瓣间隔围成的许多与背腹轴平行的腔，为鳃水管；鳃水管在鳃小瓣背方前后贯通，此处无瓣间隔，为一前后相通的腔，称为鳃上腔（图8-6）。

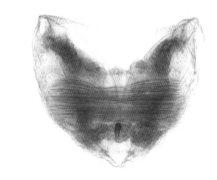

图8-5 钩介幼虫

用剪刀剪取一小片鳃瓣，置于显微镜下观察，可见鳃小瓣外表面上有许多背腹纵行的细丝，此为鳃丝。鳃丝上分布纤毛，这些纤毛的摆动为鳃内水循环提供动力。鳃丝之间有许多小孔的结构为丝间隔，水由此进入鳃水管。

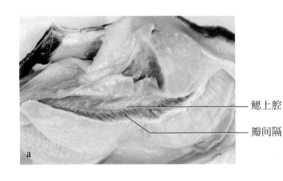

鳃上腔

瓣间隔

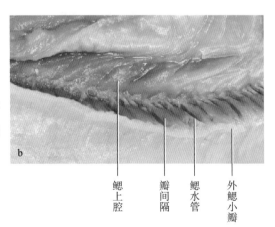

鳃上腔　瓣间隔　鳃水管　外鳃小瓣

图8-6 河蚌鳃瓣的鳃上腔、瓣间隔及鳃水管
b为a的局部放大

（4）循环器官　在河蚌的背部、贝壳绞合部之下有一透明的膜，为围心腔膜，其内的空腔为围心腔。轻轻剪开围心腔膜，可见其内发达的肌肉质囊为心室，活的个体可以观察到心室的搏动。心室附着在纵贯围心腔的直肠上。心室发出的血管沿肠的背方通向前方者为前大动脉，沿直肠腹面通向后方者为后大动脉。在心室侧下方，以及左、右两侧各有1个三角形薄壁囊，也能收缩，为心耳（图8-7）。解剖操作过程中一定要仔细，心室易与心耳断开，断开后心室上仅留下耳状孔。

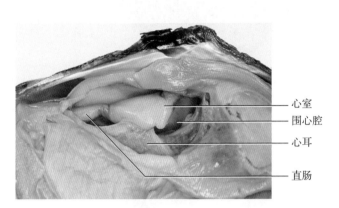

心室
围心腔
心耳
直肠

图 8-7 河蚌心脏（示围心腔、心室和心耳）

（5）排泄器官　围心腔侧下方有1对黑褐色的海绵状结构，为肾体，以肾口通于围心腔前腹面。肾体后接薄壁的膀胱，膀胱折向背方，位于肾体之上（由于膀胱中常不充盈，2层膀胱壁常会叠在一起，不易观察到膀胱的形态）。膀胱末端又折向下行，肾孔开口于内鳃瓣鳃上腔前端，为一皱襞状突起（图8-8）。

（6）消化器官　用镊子将足向后下方轻推，在前闭壳肌后下方、足与内脏团相连处有一横裂缝，为口；口后为短的食管（图8-9）。前闭壳肌后下方的两侧各有三角形唇片。用解剖刀沿足的基部向上，将位于足上方的内脏团沿水平方向纵剖开，可见食管之后有一膨大的囊状结构，为胃。胃周围有黄绿色的消化腺，内脏团中有盘曲折叠的肠（见图8-9）。肠在内脏团内的断面为圆形或管状，肠

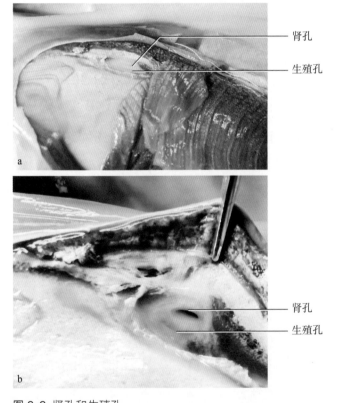

肾孔
生殖孔

肾孔
生殖孔

图 8-8 肾孔和生殖孔
a. 原位；b. 用镊子拉动后（局部放大）

内常具脓状食糜。肠向背方伸出内脏团的部分为直肠，直肠从围心腔中央穿过，以肛门开口于后闭壳肌背方、出水管的附近。

图 8-9 河蚌的消化系统和生殖腺

? 唇片的作用是什么?

? 肛门位于出水管附近的意义是什么?

（7）生殖器官　观察切开的内脏团，除了消化器官外，主要是生殖腺（见图 8-9），内有白色的精巢或黄色的卵巢，肠包埋于其中。生殖导管短，位于生殖腺前上方（不易观察到），以生殖孔开口于内鳃瓣的鳃上腔内，生殖孔位于肾孔的下方。

（8）神经系统　用镊子小心撕去前闭壳肌与伸足肌间的少许结缔组织，轻轻掀起伸足肌，可见一淡黄色不规则结构，为脑神经节（图 8-10a）。用镊子仔细清理后闭壳肌前下方表面的结缔组织，即可见到肌肉柱上并列的 1 对淡黄色的脏神经节（图 8-10b）。足神经节位于足基部前 1/3 处，须在足与内脏团交界处的内脏团中仔细寻找，为淡黄色、匀质的短棒状结构（图 8-10c）。

4. 示范实验

双壳纲常见重要种类的形态和特征观察。

（1）蚶（*Arca*）　贝壳坚厚，呈斜卵圆形，放射肋明显，平滑整齐；铰合部直，铰

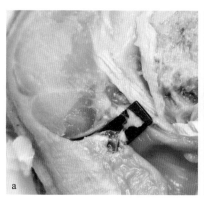
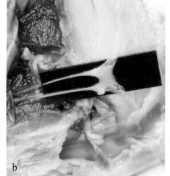
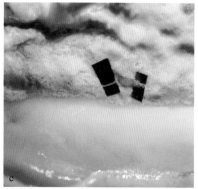

图 8-10 河蚌的神经节

a. 脑神经节；b. 脏神经节；c. 足神经节

图 8-11 蚶

a. 外形；b. 铰合部

合齿一列多枚，由两端向中央渐细密（图 8-11）。

（2）牡蛎（*Ostrea*）　壳质坚厚；体型多样，有圆形、卵圆形、三角形和长方形等；右壳略扁平，固着在岩石等基质上，左壳厚大（图 8-12）。

（3）栉孔扇贝（*Chlamys farreri*）　贝壳扇形（图 8-13），两壳大小相近，右壳较平，其上有多条粗细不等的放射肋；两壳前、后耳大小不等，前大后小。

图 8-12 固着在岩石上的牡蛎

（4）贻贝（*Mytilus*）　壳呈楔形，前端尖细，后端宽广而圆（图 8-14）；壳长小于壳高的 2 倍；壳顶位于壳的最前端；壳面紫黑色，具光泽；壳内面灰白色，边缘部为蓝色，有珍珠光泽；后闭壳肌退化或消失。

（5）缢蛏（*Sinonovacula constricta*）　壳薄而脆，长方形；壳顶位于背缘前端 1/3 处；背、腹缘近平行；壳表面黄绿色，磨损后白色；两壳闭合时，前、后端开口；足部肌肉发达，两侧扁平，入水管和出水管分离（图 8-15）。

（6）船蛆（*Teredo navalis*）　贝壳很小，呈球形，仅能包住身体前端的一小部分；软体蠕虫状。

▶ 视频 8-1　软体动物的代表类群——双壳纲

图 8-13 栉孔扇贝

a. 外形；b. 右壳耳

图 8-14 贻贝

图 8-15 缢蛏

5. 选做小实验

（1）河蚌心脏的注射观察　取一活的河蚌，打开壳后，剪开围心腔，暴露出心室和心耳，用 5 mL 的注射器吸取稀释的红墨水，小心地从心耳缓慢注射进去，然后用吸管吸水冲洗掉围心腔中渗漏出来的红墨水，用滤纸吸去围心腔中的液体，2 min 后观察，可以清楚地看到心室、心耳和动脉的位置。将河蚌放入水浴锅中，先在水浴锅中加入冰块，让冰水淹没整个河蚌，并逐渐调高水浴锅的温度，观察河蚌心率的变化情况。

（2）河蚌的滤食效率观察　取 5 个 500 mL 的烧杯，加入一定密度的小球藻或者微囊藻培养液。取大小相近的无齿蚌 5 只，用软毛刷除去贝壳上的附着物，分别投入 5 个烧杯中。每 15 min 采集一次水样，通过计算藻类的密度，估算河蚌的滤食效率。如条件具备，可以分析不同体重大小的河蚌在不同食物密度情况下的滤食效率。也可以用此法分析河蚌在对"水华"的控制作用。

作业

1. 绘制河蚌原位解剖图（去掉一侧外套膜）。
2. 独立剥离河蚌的脏神经节。
3. 总结河蚌适应于底埋生活的特征。

拓展阅读

李爱景，李学军. 河蚌 3 对神经节解剖分离技术的改进探索 [J]. 生物学通报，2011，46（9）：63-68.

王如才，张群东，曲学存，等. 中国水生贝类原色图谱 [M]. 杭州：浙江科学技术出版社，1988.

WHITE K M. The pericardial cavity and the pericardial gland of the Lamellibranchia [J]. Journal of Molluscan Studies, 1942, 25（2）: 37-88.

实验 9　乌贼及其他头足纲动物

实验目的　　　○ 掌握乌贼的外部形态与内部结构

　　　　　　　　○ 理解和掌握软体动物门头足纲动物的主要特征

　　　　　　　　○ 认识头足纲的代表动物

实验内容　　　○ 乌贼的外形观察

　　　　　　　　○ 乌贼的内部解剖

　　　　　　　　○ 蛸、枪乌贼、鹦鹉螺的示范观察

实验材料与用品　○ 乌贼、蛸、枪乌贼浸制标本，鹦鹉螺贝壳标本

　　　　　　　　○ 解剖器、蜡盘、10 mL 注射器、解剖镜、稀释的红墨水

实验提示　　　○ 解剖乌贼的过程中，在墨囊周围的操作应非常小心，在打开外套膜后，也可用线先将墨囊管末端结扎，避免挤压导致墨囊破裂。操作过程中如不慎剪破墨囊，可用水将乌贼彻底冲洗干净后再观察

　　　　　　　　○ 用注射器向乌贼直肠两侧的 2 个肾孔注射稀释的红墨水，有助于观察到肾囊的形态结构

实验操作与观察

1. 乌贼外形观察

乌贼身体分为头足部、颈部及躯干部。具腕的一侧为前部，相对的一侧为后部；背面颜色较深，腹面颜色较浅（图 9-1）。

（1）头足部　腕 10 条，位于身体最前端。第 1 对腕位于背中央，依次向两侧对称分布着第 2~5 对腕，第 5 对腕位于腹中央。其中，第 4 对腕细长，端部膨大，膨大部具吸盘，称触腕。有些乌贼标本的触腕常缩入位于其基部的触腕囊，用镊子轻拉，可将其拉出。

各腕均有许多吸盘，吸盘呈杯状，基部有细柄。雄性左侧第 5 对腕中部的吸盘很少，为茎化腕，可将精荚送入雌性外套腔中。

腕之后为头部，10 条腕基部内侧中央为口，头两侧各有一发达的眼（浸制标本的眼是凹陷进去的）。头腹面中央有一喇叭形的漏斗，其膨大的基部位于外套腔内，用镊子柄伸入漏斗中，可探测其内部结构。剪开漏斗，可见漏斗的管腔内壁有一突起，称舌瓣。

［?］结合刚才用镊子探测的结果，想一想舌瓣有什么作用？

（2）颈部　头足部与躯干部相接的狭小部分为颈部。

（3）躯干部　躯干部呈"U"字形，是内脏团和外套膜集中的地方。包裹在躯干部外面较厚的肌肉结构为外套膜。外套膜两侧边缘具有肌肉质鳍。外套膜在腹面与内脏团之

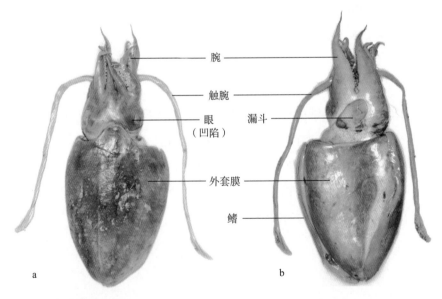

图 9-1 乌贼外形

a. 背面；b. 腹面

间的空腔为外套腔。用解剖刀轻轻划开乌贼躯干部背面一层较薄的皮肤，可见一梭形、质地疏松的石灰质结构，为乌贼的内壳，即海螵蛸（图9-2）。

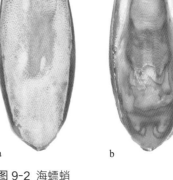

a   b

图 9-2 海螵蛸
a. 背面；b. 腹面

2. 乌贼解剖

用解剖刀从腹面外套膜的左侧缘沿鳍剖开，移去腹面的外套膜。切除外套膜的时候，注意不要碰到漏斗正下方、外套腔内的墨囊管，以及位于外套腔中后部的墨囊。

外套膜打开后先进行如下观察（图9-3）：在漏斗下方两侧各有1个软骨凹陷（称为闭锁槽）。与之相对地，在外套膜相对应位置有2个突起（称为闭锁突），组成1对"按扣"样的结构，称为闭锁器。内脏团表面正中央有一纵行的管状结构，为直肠。位于内脏团后部非常明显的黑色囊状结构为墨囊，墨囊向前发出1条墨囊管。墨囊管与直肠并行，在直肠近末端与之汇合，共同开口于肛门。

[?] 漏斗、闭锁器、外套膜如何协同作用使乌贼能快速游泳？乌贼快速游泳的时候身体哪部分朝向其运动前方？

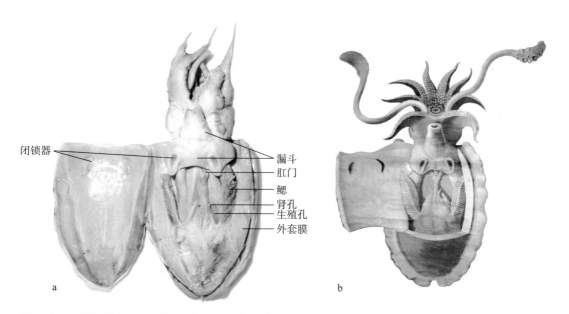

图 9-3 乌贼打开腹面外套膜的原位解剖标本（a）和示意图（b）

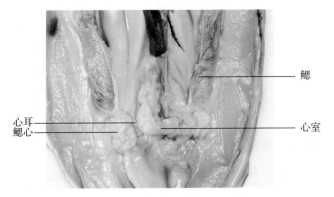

鳃

心耳
鳃心

心室

图 9-4 心脏的结构

（1）呼吸器官　外套腔两侧各有1个羽状鳃，鳃基部有一近圆形的鳃心，鳃心下面白色半圆形的结构为鳃心附属腺（图 9-4）。

[?] 鳃心有什么作用？

（2）生殖器官　乌贼雌雄异体。雌性个体的外套腔在繁殖期常有1对发达的扁椭圆形结构，为缠卵腺。其前方有1对较小、帽状的副缠卵腺。不同时期个体的缠卵腺和副缠卵腺大小相差很大。外套腔最后方的囊为生殖腔，内有卵巢或精巢。

卵巢黄色，内有球形、胶状的卵。卵巢向左侧发出较粗大的输卵管，以雌性生殖孔开口于外套腔中。

精巢白色，位于生殖腔内，自精巢左侧发出细而卷曲的输精管。仔细分离输精管周围的结缔组织，可见输精管中部膨大为贮精囊及前列腺，输精管的末端膨大为瓶状的精荚囊，以雄性生殖孔通向外套腔左侧。

（3）排泄器官　直肠近基部两侧有2个小突起，为肾孔（见图 9-3）。用注射器向肾孔轻轻注入稀释的红墨水（雌性需要先移去缠卵腺和副缠卵腺），可见内脏团表面有2个充满红色墨水的透明囊，此为肾的腹囊。腹囊前端各有一短的排泄管，肾孔开口于直肠基部附近。直肠背方也有一个透明囊，为背囊。

（4）循环器官　将墨囊及其周围的组织轻轻提起，折向头部，可见一呈不规则多角形、富肌肉的浅黄色心室，心室两侧所连的壁薄，近透明的囊为心耳（见图 9-4）。心室向前、后方分别发出前大动脉和后大动脉各1条。

（5）消化器官

口和口球：用解剖剪沿腕基部内侧的口伸入，从腹中央（即第5对腕之间）将头部剪开。除去口周围的肌肉，可看到一个肌肉质的球形结构，为口球。切开口球，可见前部有2个形似鹦鹉喙的深褐色角质结构，为鹦鹉颚，分别位于背侧和腹侧（图 9-5）。将鹦鹉颚摘除，可见口腔后壁有一肌肉质舌，上有7列齿。

消化管：口球之后为细长管状的食管，食管下行到内脏团中央（图 9-6）。食管后端连接的囊状结构为胃，胃壁肌肉发达，胃左侧的扁平圆囊为胃盲囊。肠接于胃之后，折向

图 9-5 鹦鹉颚

前行，穿过内脏团，后段为直肠，以肛门开口于外套腔中、漏斗的下方，肛门有 2 个瓣膜，为肛门瓣。

[?] 肛门瓣有什么作用？

消化腺：在食管的两侧，各有 1 个发达的黄绿色结构，为肝，分别发出 1 条肝管。2 条肝管汇合后通入胃盲囊。胃、胃盲囊、肠、肝交界处有弥散状组织，为胰。在靠近肝前端背面、食管的两旁，有 1 对形如黄豆的结构，为唾液腺，各发出 1 条唾液腺管。2 条唾液腺管汇合后，向前通入口球中。

（6）神经器官　用解剖刀沿乌贼腹中线将其头部纵剖开，可见头中央、眼基部的透明软骨，软骨内包着浅黄色的脑，包括脑神经节、侧脏神

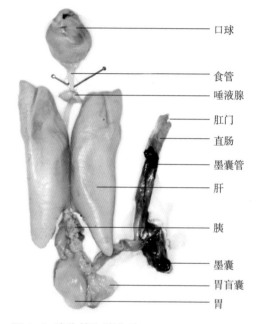

图 9-6 消化管和消化腺

经节和足神经节，成"品"字形排列（图 9-7），食管的背方为脑神经节，脑神经节与粗大的视神经相连。食管下方从前到后分别为足神经节和侧脏神经节，足神经节发出神经到腕和漏斗。用镊子压住外套膜前端，轻轻将漏斗附近的结构推向一侧，可见 1 对放射状的星状神经节（图 9-8）。

3. 示范实验

（1）枪乌贼（*Loligo*）　俗称鱿鱼，体略呈圆筒状，鳍三角形，不及体长的 1/2；内壳角质。

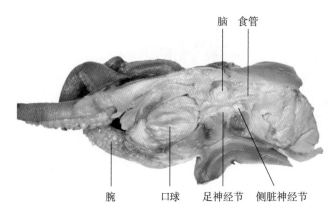

脑　食管

腕　　口球　　足神经节　　侧脏神经节

图 9-7　脑

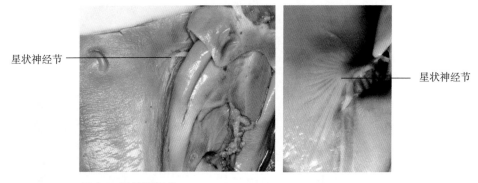

星状神经节

星状神经节

图 9-8　星状神经节

　　（2）蛸（*Octopus*）　体椭圆形，无鳍；无内壳，右侧第 3 腕为茎化腕。

　　（3）鹦鹉螺（*Nautilus*）　外壳呈螺旋形，壳的内腔由隔层分为 30 多个壳室（图 9–9），软体部分处于最后一个室，其他各层充满气体，腕数十条。

4. 选做小实验

　　（1）乌贼的齿舌观察　从标本口部小心向外挤捏口球，至鹦鹉颚被挤出，用镊子移去鹦鹉颚，可见口球前端的齿舌。小心取出齿舌后，用蒸馏水冲洗 2 次，洗掉表面的食物残渣和肌肉。解剖镜下可见齿舌均由 7 列纵向齿组成，齿舌的数目、形状和排列方式等是乌贼分类的重要依据。

　　（2）中国枪乌贼耳石观察　中国枪乌贼足神经节和脏神经节之间有 1 对平衡囊，囊内充满液体，内有耳石。解剖镜下观察，耳石由明暗相间的环纹组成，耳石可用于鉴定中国枪乌贼的年龄。

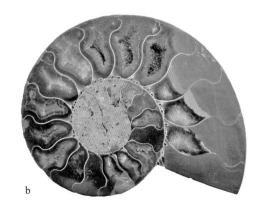

图 9-9 鹦鹉螺

a. 贝壳； b. 化石

作业

1. 绘制乌贼的外形和消化系统。

2. 简述乌贼适应于快速游泳生活的特征及头足纲的主要特征。

拓展阅读

韩青鹏，陆化杰，金岳，等 . 南海北部海域中国枪乌贼耳石的形态学分析 [J]. 广东海洋大学学报，2017，37（1）：1-6.

李建华，张鑫浩，金岳，等 . 基于耳石和角质颚微结构的中国枪乌贼年龄与生长比较 [J]. 海洋渔业，2018，40（5）：4-12.

马培振，郑小东，于瑞海，等 . 枪鱿科和蛸科头足类齿舌的比较研究 [J]. 中国海洋大学学报（自然科学版），2016，46（5）：35-40.

郑小东 . 中国沿海九种头足类齿舌的形态学 [J]. 水产学报，2002，26（5）：417-421.

PALUMBO A. Melanogenesis in the ink gland of *Sepia officinalis* [J]. Pigment Cell Research，2003，16（5）：517-522.

SMITH A M. Cephalopod sucker design and the physical limits to negative pressure [J]. Journal of Experimental Biology，1996，199（Pt 4）：949-958.

实验 10　圆田螺及其他腹足纲动物（附多板纲示范）

实验目的
○ 通过观察圆田螺的形态和结构，掌握腹足纲和软体动物门的主要特征
○ 认识腹足纲和多板纲常见的重要类群

实验内容
○ 圆田螺外形观察
○ 圆田螺解剖
○ 腹足纲和多板纲常见重要种类示范观察

实验材料与用品
○ 圆田螺活体及浸制标本；腹足纲和多板纲常见及重要种类活体或浸制标本
○ 普通光学显微镜、解剖镜、放大镜、蜡盘、解剖器、骨剪、小锤、培养皿、载玻片

实验提示
○ 也可用福寿螺代替圆田螺进行实验。若有条件可同时观察圆田螺与福寿螺
○ 剥离螺壳时要边敲边剥离，镊子平行于螺壳夹取碎壳，避免损坏动物内部器官
○ 解剖观察时，要随时注意各器官的自然位置及彼此的关系

实验操作与观察

1. 圆田螺外形观察

圆田螺螺壳由 6～7 个螺层组成（福寿螺由 5～6 个螺层组成）。壳顶的螺层非常窄，且经常磨损，不易观察到全部螺层。最小的螺层位于顶部，最大的螺层位于底部（图 10-1）。

螺壳中最下面、最大的一个螺层为体螺层，头和足主要容于其中；除体螺层外的其他螺层为螺旋部，是容纳其他器官的地方。福寿螺各螺层具明显的肩角。

螺层与螺层之间的界线为缝合线，螺的开口为壳口。螺层旋转所围绕的中心轴为壳轴。从顶部看，由上到下，圆田螺（或福寿螺）的螺层是沿顺时针方向旋转的，称之为右旋。也可以根据壳口相对壳轴的位置来判断，壳顶朝上，壳口朝向观察者，如壳口位于壳轴的右边，则为右旋。

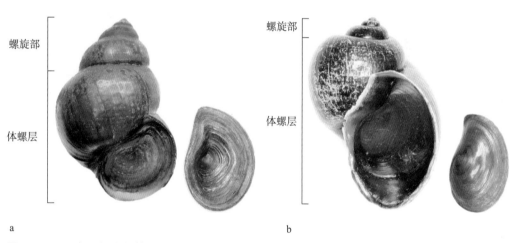

图 10-1 圆田螺和福寿螺的螺壳及厣
a. 圆田螺；b. 福寿螺

将活体标本放置于水中一段时间，观察其伸出体外的软体部分（图 10-2）。圆田螺具 1 对圆锥形触角。雄性圆田螺的右触角特化，短而粗，为交配器官。触角基部外侧各有一突起，其上着生黑色的眼，触角所在的部分为头。头部前端有肌肉质吻，吻的前端为口（福寿螺吻两侧有 1 对触须，外侧有 1 对发达的触角，雄性左、右触角对称）。头的后面两侧有两个开口，左侧开口较小，为入水管，右侧开口较大，为出水管（福寿螺左侧无入水管，水可从头与外套膜之间的空隙直接进入，左侧有一发达的呼吸管，呼吸管可伸长5 cm 以上，伸达水面之上，视频 10-1）。腹面为扁平的肌肉质足，足背后方有一褐色的

图 10-2 圆田螺和福寿螺的形态

a-b. 圆田螺；c-e. 福寿螺（示呼吸管的伸出过程）

角质厣。足背方为内脏团，内脏团由外套膜包裹。

▶ 视频 10-1　福寿螺伸出呼吸管

2. 移去螺壳

取一圆田螺（或福寿螺）握于手上，用骨剪或小锤自体螺层的壳口开始，敲破螺壳外表面，用大镊子将碎壳片除去，将软体部剥离出来，剥离过程中可看到残留在螺壳中央的壳轴。

3. 内部结构

将解剖剪沿圆田螺出水管插入，剪刀尖向上挑，沿膜下淡黄褐色的鳃和暗褐色的肠管之间，剪开外套膜，直至剪到鳃的最后端，打开外套腔（将解剖剪插入福寿螺头背方的外套腔，剪开体左侧和后侧的外套膜，并将剪开的外套膜翻向体右侧）。

用镊子将头部轻拉向体左侧，用大头针插入头部并固定于蜡盘上，将足拉向右侧，用大头针固定足末端，固定外套膜的增厚部分。依次进行如下器官的观察（图 10-3 至图 10-6）。

（1）呼吸器官　圆田螺外套腔的左侧、紧贴外套膜有一栉状鳃，由一排三角形的小片组成。福寿螺背侧、外套膜后部有一囊状结构为肺囊（或气囊），常充有气体，肺囊与位于肺囊左前的肺囊孔相通，气体经呼吸管进入外套腔，由肺囊孔进入肺囊，外套膜右、后侧有鳃，左鳃退化（图 10-5）。

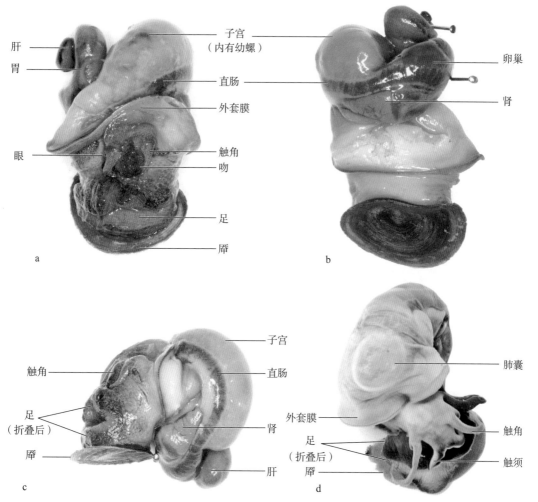

图 10-3 圆田螺和福寿螺去壳后的原位观察
a-c. 圆田螺（示前面、后侧、左侧）；d. 福寿螺（示前面）

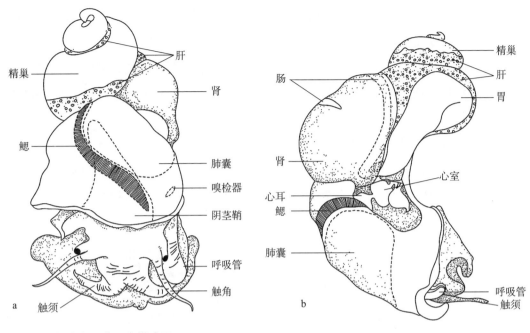

图 10-4 福寿螺原位观察模式图

a.前面；b.左侧

（2）循环器官　在圆田螺鳃末端、胃前方的薄膜为围心腔膜，打开围心腔膜，可见围心腔内有一白色、肌肉质的心室和一浅红褐色、壁薄的心耳。心室向前端发出一主动脉，然后分为 2 支。一为前大动脉（也称头动脉），分支后分别通入头、足、外套膜等器官中；另一支为后大动脉（也称内脏动脉），通到内脏团中。福寿螺从心室发出的大动脉基部膨大。

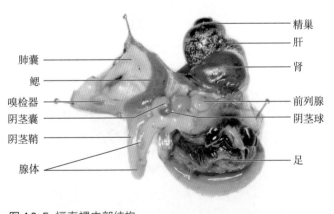

图 10-5 福寿螺内部结构

（3）排泄器官　围心腔之前的黄褐色圆锥形结构为肾（福寿螺肾大而呈灰褐色），从肾右侧伸出的半透明细管为输尿管，输尿管与直肠平行排列，末端以肾孔开口于外套腔中，肾孔位于肛门之后（图 10-6）。

（4）生殖器官　圆田螺和福寿螺均为雌雄异体。

圆田螺卵巢为不规则的细管状结构，位于直肠的上半部，卵巢之

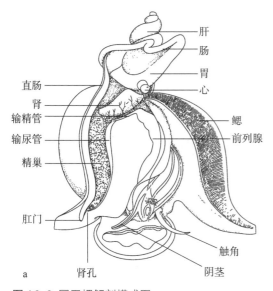

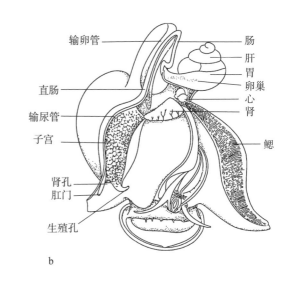

图 10-6 圆田螺解剖模式图

a. 雄性; b. 雌性

后细长的管道为输卵管。子宫发达，位于输卵管之后，繁殖季节其内常可见大量的田螺幼体。雌性生殖孔位于外套腔内，和肛门、肾孔靠近。福寿螺的卵巢发达，呈红色。

圆田螺精巢为黄褐色，长 2.0~3.5 cm，呈镰刀状，在外套腔右侧，自精巢前端 1/4 处发出的淡红色细管为输精管。输精管向左侧横行，后接膨大的前列腺，前列腺长约 2.0 cm。前列腺前行，后接细长的射精管，射精管伸入右触角，雄性生殖孔开口于触角顶端。福寿螺精巢呈长圆筒形，白色；阴茎位于阴茎鞘内，阴茎鞘肌肉质，发达，呈长三角形，阴茎不开口于右触角，从阴茎鞘内伸出。

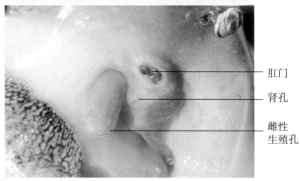

图 10-7 圆田螺的肛门、肾孔和雌性生殖孔

（5）消化管和消化腺　螺头部的最前端为口，口后为膨大的咽，内有齿舌，齿舌的排列方式和数量是分类的重要依据。咽后接细长的食管，食管后为膨大的胃，胃后为管状的肠和直肠，肠折向前行，末端以肛门开口于外套腔内。

唾液腺白色，位于食管和胃之间。肝褐色，位于螺的顶端、胃的周围。

（6）神经　剥离咽部的肌肉，可见口球之后、食管周围有多对黄色的神经节。

脑神经节：1对，发达，位于口球之后、食管的背侧，常被唾液腺掩盖。

侧神经节：1对，较小，位于脑神经节之后。

足神经节：1对，位于食管腹侧、内脏团与足交界处发达。

脏神经节：1对，较小，位于食管末端。

4. 示范实验

（1）红条毛肤石鳖（*Acanthochitona rubrolineatus*）（图10-8）　属多板纲。体椭圆形，背隆腹平，背面有覆瓦状排列的8个贝壳，贝壳周围为1圈外套膜，称为环带，环带具成束的刚毛。腹面前端为头，头后为宽大的足，可吸附于岩石表面或缓慢匍匐运动。足四周为外套沟，沟内有多对栉鳃。

（2）鲍（*Haliotis*）（图10-9）　属腹足纲前鳃亚纲。贝壳大而低，螺旋部退化，壳口大，壳边缘有1列小孔，无厣。足极肥大，为名贵的海产品，壳可入药，称石决明。

（3）脉红螺（*Rapana venose*）（图10-10）　属腹足纲前鳃亚纲。螺壳大而厚，壳表

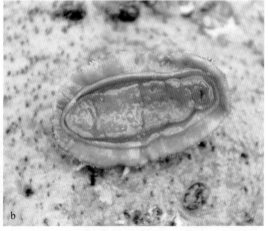

图10-8 红条毛肤石鳖

a. 背面；b. 腹面

面粗糙，上有许多结节，壳口大。内外唇外卷，壳口橘红色。各螺层均有螺肋，形成肩角，各肩角上均有角状凸起。

（4）海兔（*Aplysia*） 属腹足纲后鳃亚纲。贝壳退化，一般不呈螺旋形，部分埋在外套膜中，成为内壳，也有部分种类无壳。头部有2对触角，前面一对稍短，司触觉，后一对稍长，司嗅觉。

图 10-9 鲍

（5）褐云玛瑙螺（*Achatina fulica*） 属腹足纲肺螺亚纲，又称非洲大蜗牛。贝壳厚，体较大，体螺层膨大。该物种原产于东非，后引入我国，是严重危害农业和园林业的外来生物入侵种。

5. 选做小实验——圆田螺齿舌标本的制备和观察

除双壳纲外，其他软体动物多具齿舌，齿舌的数目和排列方式是动物分类的重要依据。

图 10-10 脉红螺

从实验观察完的圆田螺中取出齿舌囊，放入盛有 5 g/L KOH 溶液的试管中，在酒精灯上加热。煮沸 10 min 后，将标本取出并冲洗，然后放于培养皿中，解剖镜下将周围的组织去除，只留下透明的角质齿舌。将齿舌平铺于载玻片上，再盖上 1 个载玻片。普通光学显微镜低倍镜下观察，可以看到圆田螺齿舌的每列从中央向外依次有 1 个中央齿、1 对侧齿和 2 对缘齿，齿式为 2·1·1·1·2，一共有 100 多行齿。

作业

1. 绘制圆田螺内部结构图。

2. 试述圆田螺身体结构的对称方式及成因。

拓展阅读

胡自强，胡运瑾 . 福寿螺的形态构造 [J]. 动物学杂志，1991（5）：6-8.

金志良 . 中国圆田螺生殖系统的初步研究 [J]. 动物学报，1978，24（4）：388-396.

王如才，张群东，曲学存，等 . 中国水生贝类原色图谱 [M]. 杭州：浙江科学技术出版社，1988.

叶苗，樊天骐，陈炼，等 . 两种福寿螺与中国圆田螺齿舌的形态学特征比较 [J]. 动物学杂志，2017（52）：97-107.

张玺，刘月英 . 田螺的形态、习性和我国常见的种类 [J]. 生物学通报，1960（2）：49-57.

ANDREWS E B. The functional anatomy of the mantle cavity, kidney and blood system of some pilid gastropods (Prosobranchia) [J]. Proceedings of the Zoological Society of London, 1965, 146（1）：70-94.

GIRAUD-BILLOUD M, GAMARRA-LUQUES C, CASTRO-VAZQUEZ A. Functional anatomy of male copulatory organs of *Pomacea canaliculata* (Caenogastropoda, Ampullariidae) [J]. Zoomorphology, 2013（132）：129–143.

HAYES K A, COWIE R H, THIENGO S C, et al. Comparing apples with apples: Clarifying the identities of two highly invasive neotropical Ampullariidae (Caenogastropoda) [J]. Zoological Journal of the Linnean Society, 2012（166），723–753.

KONGIM B, SUTCHARIT C, NAGGS F, et al. Taxonomic revision of the elephant pupinid snail genus *Pollicaria* Gould, 1856 (Prosobranchia, Pupinidae) [J]. ZooKeys, 2013（287）：19–40.

MUECK K, DEATON L E, LEE A. Microscopic anatomy of the gill and lung of the apple snail *Pomacea maculata*, with notes on the volume of the lung [J]. Journal of Shellfish Research, 2020, 39（1），125–132.

实验 11 环毛蚓及其他环节动物（附星虫、螠示范）

实验目的
- ○ 理解、掌握环节动物的主要特征
- ○ 认识环节动物的主要类群
- ○ 掌握环节动物门各纲动物在形态结构方面发生的适应性特化

实验内容
- ○ 环毛蚓的运动方式和外形观察
- ○ 环毛蚓解剖，以及环毛蚓横切片标本观察
- ○ 重要代表物种示范观察

实验材料与用品
- ○ 性成熟的环毛蚓活体、浸制标本，环毛蚓横切片标本，沙蚕、颤蚓、医蛭、方格星虫、单环刺螠的浸制标本
- ○ 5% 福尔马林、乙醚、普通光学显微镜、解剖镜、放大镜、蜡盘、解剖盘、解剖器、大头针、滴管、吸水纸

实验提示
- ○ 剪开环毛蚓体壁时，剪刀尖应略向上翘，以防戳破消化管壁使其内泥沙外溢而影响观察
- ○ 体节用罗马数字表示，如第 11 体节表示为 " XI "，节间沟用阿拉伯数字表示，如 "6/7" 表示第 VI 和第 VII 节之间的节间沟
- ○ 解剖过程中，可以先保留第 IX—XIV 节的隔膜，以免破坏该处的精巢囊、卵巢、卵漏斗等器官。待观察到这部分结构时再细心剪开隔膜
- ○ 可先确定一些重要结构所在的体节（如环带、雄性生殖孔等），然后依此向前或向后来确定其他体节，或者在一定数目的体节处插一个大头针，据此来定位体节

实验操作与观察

1. 环毛蚓的运动和外形观察

（1）运动观察　将环毛蚓置于蜡盘中，观察环毛蚓的运动方式。

[?] 环毛蚓是如何完成运动的？

（2）外形观察　环毛蚓身体呈两头略尖的圆柱状，颜色较深的一侧为背面，颜色较浅的一侧为腹面。靠近前端有一棕红色、体壁加厚的环带（有些标本的环带加厚不明显，但其颜色与其他部位不同）（图 11-1）。环毛蚓

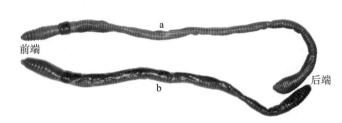

图 11-1　环毛蚓外形
a. 腹侧；b. 背侧

身体由许多体节组成，体节之间的凹陷为节间沟（图 11-2）。解剖镜观察可见，其体节中央有 1 圈刚毛。

[?] 用手轻轻抚摸环毛蚓，向前和向后抚摸的感觉是否有不同？为什么？

体前端第 I 节为围口节，其中间是口，口的背侧有肉质的口前叶，环毛蚓取食时口前叶常伸于口前。第 XIV—XVI 节的表皮层加厚，棕红色，为环带（图 11-3）。末端纵裂状开口为肛门。

用纱布将环毛蚓背面擦干后，以手指轻轻捏压其体两侧（最好轻捏身体后部的体节，以免损伤前面的重要器官，影响后续观察），可见液体自背中线处冒出，此处即背孔。除前几节外，背中线上的各节间沟处都有背孔，背孔的起始位置因种类而异。

[?] 背孔中冒出的液体是什么？有何作用？

在 5/6、6/7、7/8 节间沟的腹面两侧有 3 对纳精囊孔。不同种类纳精囊孔的数量有差异。不同个体及同一个体不同的发育阶段，纳精囊孔的明显程度也各不相同。纳精囊孔常开口在小而圆的生殖乳突中央（有时生殖乳突不明显，可将虫体略向背方弯曲，可见这些节间沟处的裂缝状开口，即为纳精

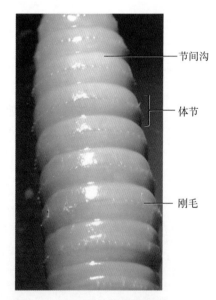

图 11-2　环毛蚓的体节和刚毛

节间沟

体节

刚毛

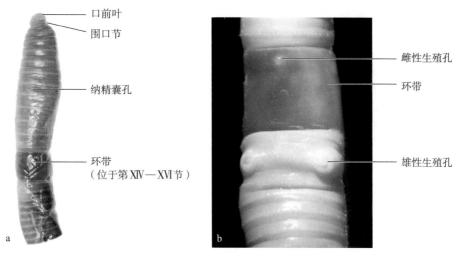

图 11-3 环毛蚓的生殖开口

（图中标注：口前叶、围口节、纳精囊孔、环带（位于第 XIV—XVI 节）；雌性生殖孔、环带、雄性生殖孔）

囊孔）（图 11–3a）。第 XIV 节（即环带所在的第 1 个体节）腹中线上有 1 个雌性生殖孔。第 XVIII 节腹面两侧各有 1 个雄性生殖孔，雄性生殖孔周围常有一些小的生殖乳突（图 11–3b）。

▶ 视频 11-1　环节动物的代表动物——环毛蚓

2. 环毛蚓的解剖

左手执环毛蚓浸制标本或者用乙醚麻醉后的活体环毛蚓，右手执解剖剪，沿背中央略偏背中线处，从肛门前一直剪到前端（如果实验时间紧张，也可以自第 XXX 节开始向前剪），但要保持口和肛门的完整性。将解剖开的环毛蚓放入解剖盘，用解剖针划断（从中间开始分别向前和向后划）连于体壁和内脏之间的隔膜，将体壁与内脏分离。第 IX—XIV 节内容纳着生殖器官，要注意保留这些体节腹方的隔膜。环毛蚓体前端的隔膜为肌肉质，较厚，可用解剖剪仔细分离。然后用大头针将体壁固定在解剖盘上（在固定前面 20 个体节时，最好能够记录每个大头针所在的体节位置，以便在后面的观察过程中依据大头针的位置来定位体节），也可以边分离隔膜，边固定体壁。大头针与解剖盘呈 45°角，间距保持在约 1 cm。实验过程中，始终保持水没过虫体。

[?] 体节腹方的隔膜有什么作用？

（1）消化器官　将环毛蚓体壁固定在解剖盘上后，最明显的为 1 条黄褐色、贯穿身体前后的粗大直管，为消化管，其内常充满黄褐色泥土。消化管的最前端为口和口腔，其后为咽。咽椭圆形，肌肉较发达，硬且有弹性。咽后为细长的食管。食管后为壁薄的嗉

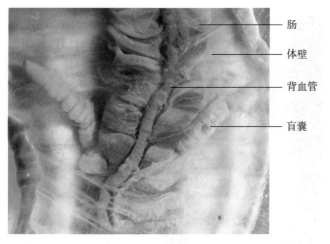

图 11-4 环毛蚓的消化器官

肠
体壁
背血管
盲囊

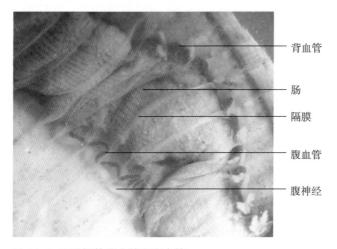

图 11-5 环毛蚓的背血管和腹血管

背血管
肠
隔膜
腹血管
腹神经

囊，嗉囊后接球状的砂囊。砂囊肌肉发达，较硬。砂囊之后为细管状的胃，常被生殖器官所掩盖。胃后接肠，一直到体末端，肛门开口于体外。在第 XXVI 节或第 XXVII 节，从肠的两侧向前伸出 1 对锥状盲囊（图 11-4）。

❓ 盲囊有何作用?

（2）循环器官　在环毛蚓肠的背中央之上有 1 条暗红色的细线，为背血管。麻醉的活体环毛蚓可以观察到背血管的搏动。将身体中后部的一段肠轻轻拨开，可见肠下、腹中线处有 1 条略细的血管，为腹血管（图 11-5）。移开肠，挑起白色的腹神经索，可见神经索下有 1 条很细的血管，为神经下血管。在第 VII、IX、XII、XIII 等体节内，有 4 对连接背血管、腹血管的半环形管，称为动脉弧（过去称心脏）。不同种类的动脉弧数目及所在位置存在差异。体前端消化管两侧（第 XV 节前）有 1 对较细的血管，为食管侧血管（该血管较细，常不易观察到）。

（3）生殖器官　环毛蚓为雌雄同体。

在第 XI、XII 节内，有 2 对白色贮精囊，贮精囊呈不规则分叶状，似白色的脂肪，常充满整个体节。在第 X、XI 节内，有 2 对精巢囊，紧贴于 10/11 和 11/12 隔膜。观察精巢囊时，用镊子轻拉 10/11 或者 11/12 隔膜，再用另一把镊子轻轻将消化道等器官推向一侧，可在腹神经索两侧观察到小米粒大小的精巢囊（图 11-6）。每侧的前、后精巢囊向外侧各发出 1 条细小的输精管，同侧的 2 条输精管合成 1 条，向后通到第 XVIII 节处，由雄性生殖孔通向体外（输精管非常细，不易观察到）。在第 XVIII 节、消化管的两侧有 2 个较大的浅肉色或白色结构，为前列腺。

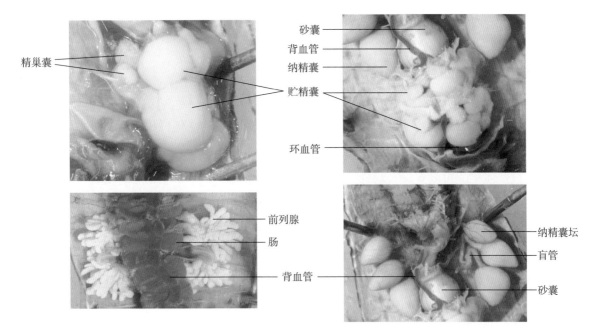

精巢囊

贮精囊

砂囊
背血管
纳精囊
贮精囊

环血管

前列腺
肠

背血管

纳精囊坛
盲管

砂囊

图 11-6 环毛蚓的生殖器官

用镊子向外拉 12/13 隔膜，同时将消化管轻轻拨开，可见在第XIII节的前腹缘、紧贴于 12/13 隔膜之后，有 2 团很小的絮状结构，为卵巢。在卵巢后方、13/14 隔膜之前，有 1 对皱状的卵漏斗。用镊子夹起 13/14 隔膜，可见在第XIV节前半部有 1 对很短的输卵管，2 条输卵管在第XIV节腹中央汇合，由雌性生殖孔通向体外。在第VI—X节，有 3 对纳精囊（不同种类纳精囊的数量有差异），纳精囊由主体和盲管组成，主体又可分为坛及坛管 2 部分。

（4）神经系统　轻轻推开消化管，可见一紧贴腹中央体壁的白色链状结构，此为腹神经索（图 11-7）。腹神经索在每体节各有一稍膨大的神经节，神经节发出神经到体壁。沿腹神经索向前查看，可见：腹神经索向前止于膨大的咽下神经节；咽下神经节向两侧的分支为围咽神经；左、右围咽神经在第III节正上方的体壁下汇

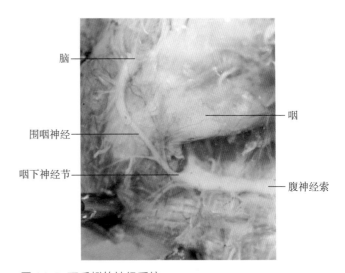

脑

围咽神经

咽下神经节

咽

腹神经索

图 11-7 环毛蚓的神经系统

合并膨大，为脑。脑埋于肌肉中，需要仔细剥离。

3. 环毛蚓横切面玻片标本的观察

观察环毛蚓横切片，可以看到"管中套管"的结构（图 11–8）。外面的"管壁"比较厚，为体壁，里面的"管壁"相对较薄，为肠壁（图 11–9）。体壁和肠壁之间的空腔为体腔。体腔中有许多无序排列的组织，多为小肾管的断面。

（1）体壁　可分 5 层。最外层非细胞构造的薄膜为角质层。角质层内为单层柱状上皮细胞组成的表皮层，其中有许多染色较深的腺细胞。表皮之下为一薄层环肌，紧贴环肌的纵肌层较厚，成束。部分切片可见略透明、淡黄色的刚毛，自体壁穿出。多数切片很难看到完整的刚毛，通常只能看到保留在体内的一部分。观察过程中注意不要把小束肌肉判为刚毛，可以依据颜色或者在高倍镜下的结构差异来区别肌束和刚毛。体壁最内层由单层扁平细胞组成，为壁体腔膜。

[?] 环毛蚓角质层有保护作用，但它还要通过皮肤进行呼吸，这个矛盾是如何解决的？表皮中大量的腺细胞，其作用是什么？

（2）肠壁　可分 4 层。肠壁的最外层为由单层细胞组成的脏体腔膜，也称为黄色细胞。其下为很薄的纵肌层，需要在高倍镜下仔细寻找才可以看清肌纤维的断面。纵肌内为

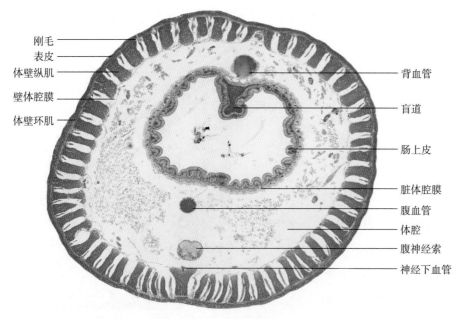

刚毛
表皮
体壁纵肌
壁体腔膜
体壁环肌

背血管
盲道
肠上皮
脏体腔膜
腹血管
体腔
腹神经索
神经下血管

图 11-8　环毛蚓横切面

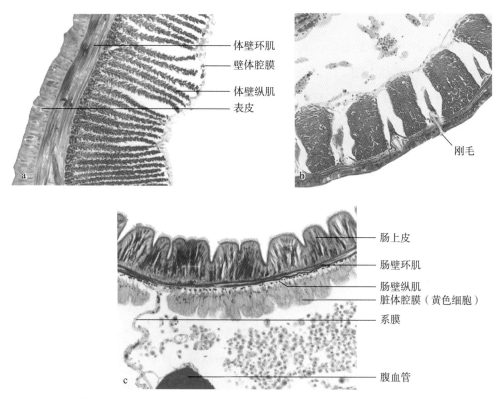

体壁环肌
壁体腔膜
体壁纵肌
表皮

刚毛

肠上皮
肠壁环肌
肠壁纵肌
脏体腔膜（黄色细胞）
系膜
腹血管

图 11-9 环毛蚓横切面放大

a-b. 体壁局部放大；c. 肠壁局部放大

薄的环肌。肠壁最内层比较厚，由单层柱状上皮细胞组成，为肠上皮层。肠背面下凹成一纵槽，称盲道，依据盲道可以区分环毛蚓横切面的背腹方位。

　　⁇ 盲道有什么作用？自体腔向内和向外依次观察，肠壁和体壁分别有体腔膜、纵肌、环肌，为什么会有这样的排列规律？

　　（3）血管及神经

　　血管：肠背面中央、盲道上方的红色斑块为背血管；肠腹面中央的红色斑块为腹血管，以系膜与肠相连；腹神经索下方、腹神经索与体壁纵肌之间有一非常细小的血管，为神经下血管（有些切片中，神经下血管紧贴于体壁纵肌之上或贴于腹神经索之下）。

　　神经：腹血管下方有一较大椭圆形结构，为腹神经索。腹神经索向两侧发出神经纤维。高倍镜下可见腹神经索主要由 2 条纵行的神经纤维组成。在腹神经索之内、2 条纵行纤维的上方有 3 条较粗大的神经纤维，为巨神经。

　　⁇ 为什么多数切片中看不到向两侧发出的神经纤维？

4. 示范实验

（1）沙蚕（*Nereis*）属多毛纲，海产，自由生活，感官发达（图11-10）。沙蚕头部由口前叶和围口节组成；口前叶上有口前触手和触须各1对，眼2对；围口节腹面为口，有4对丝状的围口触手。咽完全翻出时，可见前端有1对大的几丁质颚，咽背面有很多细齿。头部以后，每节两侧各有1个扁平的疣足。

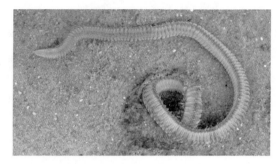

图11-10 沙蚕

（2）颤蚓（*Tubifex*）属寡毛纲，生活于淡水。颤蚓体微红；腹刚毛每束3~6条，背刚毛每束4~8条；环带在第Ⅸ—Ⅻ节；雄性生殖孔1对，在第Ⅺ节；雌性生殖孔1对，在11/12节间沟上；受精囊孔1对，在第Ⅹ节。颤蚓耐有机物污染，可用作有机物污染的指示生物。

（3）医蛭（*Hirudo*）属蛭纲，常见于稻田、池沼、河流中，吸食人、畜血。医蛭体狭长，略呈圆柱形，背面有灰绿色纵纹6条，中间两条最宽，背中线为白色；体节数目固定（33节，可见26节，7节转化为后吸盘），体节上有体环；头部有眼点5对；有前、后吸盘，后吸盘呈碗状；肛门在其背侧。

⟨?⟩ 医蛭的消化系统有何特点？为什么它吸血时血液不会凝固？为什么其养殖备受关注？

（4）方格星虫（*Sipunculus*）属星虫动物门，居海边沙中。方格星虫体呈圆柱状（图11-11）；口在前端，周围有触手，附近有许多乳头突起；体壁表面有纵肌20条，与横纹交叉形成许多方格。

（5）单环刺螠（*Urechis unicinctus*）属螠虫动物门螠纲，俗名海肠子，在中国仅渤海湾出产，且以胶东地区为主。单环刺螠体呈长圆筒形，长200~250 mm，体表满布大小不等的粒状突起；吻圆锥形；近口处腹中线的两侧有1对粗大的钩状前棘（刚毛）；肛门周围有1圈9~13条黄褐色尾刚毛（图11-12）。

5. 选做小实验

（1）环毛蚓精巢囊解剖观察 用解剖针挑破精巢囊，用水轻轻冲去囊内絮状物，解剖镜下观察，可见精

图11-11 方格星虫

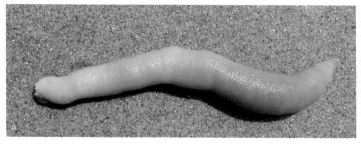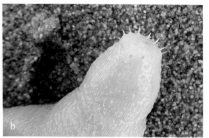

图 11-12 单环刺螠

a. 外形；b. 尾刚毛

巢囊前方内壁上有一白色小点状物，即精巢，囊内后方皱状的结构为精漏斗。

（2）小肾管观察　撕取隔膜周围的絮状物，制作临时装片，显微镜下可见许多细管，即为小肾管。

（3）蚯蚓再生能力实验　蚯蚓有很强的再生能力。取 30 个 200 mL、底部钻有小孔的塑料杯，内装 2/3 腐殖质丰富的泥土。选取 15 条健康的赤子爱胜蚓（*Eisenia fetida*），将其分为 3 组，分别在冰浴中于前部、中部和后部切断。将各段分别培养于盛有土壤的塑料杯中，置于 20℃培养箱中，每隔 3 天观察一次各段的生长情况，比较各体段的再生情况，并记录再生过程。

作业

1. 绘制环毛蚓横切面图。

2. 以环毛蚓、沙蚕和医蛭为例，分析适应于不同的生活方式的环节动物门各纲动物在形态结构方面的特点。

3. 环毛蚓和沙蚕的哪些特征代表了环节动物的主要特征？

拓展阅读

白桂芬，赵冰，祁茹，等. 常温常压下蚯蚓不同体段的再生实验 [J]. 四川动物，2007，26（4）：889-891.

齐莉萍，戈峰，周晓东. 蚯蚓再生能力的研究 [J]. 应用与环境生物学报，2002，8（3）：276-279.

EDWARDS A C，BOHLEN P J. Biology and ecology of earthworms [M]. 3rd ed. London: Chapman & Hall，1996.

实验 12　蛔虫及其他假体腔动物

实验目的
○ 通过对蛔虫和其他假体腔动物的解剖与观察，理解、掌握假体腔动物，特别是线虫动物门的主要特征
○ 认识重要的假体腔动物

实验内容
○ 观察蛔虫标本的外部形态
○ 解剖并观察蛔虫的内部结构
○ 观察蛔虫横切片标本
○ 其他假体腔动物的示范观察

实验材料与用品
○ 蛔虫（猪蛔虫）、铁线虫、猪巨吻棘头虫的浸制标本，蠕形住肠线虫（蛲虫）、十二指肠钩虫、美洲钩虫的整体装片，蛔虫横切片
○ 放大镜、解剖镜、普通光学显微镜、蜡盘、解剖器、大头针

实验提示
○ 在观察蛔虫外部形态时，有些结构（如雌性生殖孔）不易找到，注意外部观察和内部解剖观察相结合，辨识这些结构
○ 解剖前要准确区分蛔虫的背腹，确保沿背中线打开假体腔
○ 结合解剖，可见并非每张装片都可以看到生殖系统的所有器官，可通过观察多张装片，全面了解各器官的结构

实验操作与观察

1. 蛔虫的外形观察

　　将蛔虫放于解剖盘中，盘中加清水，水量以没过虫体为宜，观察蛔虫的外形，判断雌雄（图 12-1），辨认其前、后、背、腹。蛔虫前端逐渐变细，雄性末端尖细且向腹方卷曲，在腹面近末端以泄殖孔（为排遗和生殖的共同开口）通向体外，常可见从泄殖孔伸出 2 根交合刺。雌虫较粗大，后端不弯曲，在腹面近末端有一横裂的肛门，生殖孔开口于体前端腹面约 1/3 处，该处的角质层有一明显的缩痕（可结合内部解剖来确认雌性生殖孔的位置）（图 12-2、图 12-3）。

　　在虫体两侧有 2 条纵行的白色或略显透明的线状结构，为侧线（见图 12-2）。用放大镜可观察到虫体的最前端由 3 个瓣状结构组成，为唇（图 12-4），背面 1 片，腹面 2 片，在解剖镜下可见背唇上有 2 个乳突，腹唇各有 1 个乳突。

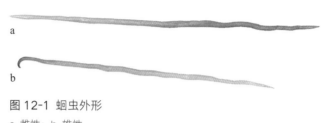

图 12-1 蛔虫外形
a. 雌性；b. 雄性

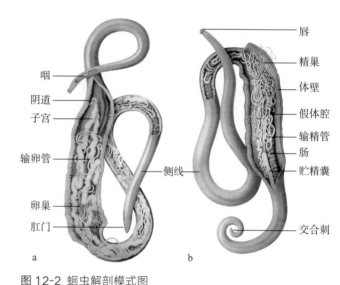

图 12-2 蛔虫解剖模式图
a. 雌性；b. 雄性。示主要器官，部分体壁从侧面切开

2. 蛔虫的解剖

　　用一只手的拇指和食指夹住虫体的两侧，虫体背部向上。用小解剖剪自虫体后端的背侧插入（从虫体末端向前约 2 cm 处插入剪刀尖，避免破坏内部结构）。将虫体体壁略挑起，剪刀尖向上，沿背中线向前剪开，避免伤及内部结构。剪开的过程中要随时注意查看侧线等结构的位置，确保一直从背中线剪开体壁。

　　剪开体壁后，由于角质层的弹性，体壁会合拢在一起而无法直接观察内部结构，可以用镊子轻轻拉开体壁，用大头针将体壁固定在解剖盘上。大头针与解剖盘呈45°角，大头针间距要保持在约1 cm。实验过程中一定要带水操作，避免部分器官干燥变性后无法辨识，蜡盘内的水一定要没过标本，然后进行内部结构观察（见图12-2）。

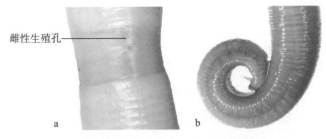

雌性生殖孔 ———

图12-3 蛔虫的雌性生殖孔（a）和雄性末端（b）

（1）体壁　体壁内表面上有许多小的突起，为肌细胞的原生质部。从体壁内侧撕取一些组织，制作临时装片，显微镜下可观察到肌细胞的肌原纤维。

虫体两侧各有1条略透明的带，为侧线。背、腹面的正中分别有背线和腹线（背线和腹线较细，常不明显）。

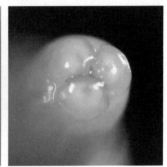

图12-4 蛔虫唇

（2）假体腔与肠壁　蛔虫体壁与体内器官之间的空腔为假体腔。虫体中央有一粗大的黄色扁管几乎贯穿于整个假体腔，为肠。肠的前端有一细而有弹性的肌肉质短管，为咽。肠的后段为直肠，肠与直肠的界线不明显，以肛门（或泄殖孔）通向体外。

（3）生殖器官　假体腔中有许多粗细不一的白色管状物，为生殖腺和生殖导管。

雄性生殖系统为1条一端游离的管状结构。位于游离端最细的部分为精巢，其后较粗的部分为输精管，最粗大的一段为贮精囊，贮精囊后为细直的射精管，其末端（雄性泄殖孔）开口于泄殖腔中，泄殖腔背侧有交合刺囊，内有交合刺。交合刺在肌肉的控制下可经泄殖孔伸向体外。

[?] 交合刺的作用是什么？

雌性生殖器官为2条游离的管状结构，细长而弯曲的游离端为1对卵巢，每个卵巢分别通入1条较粗的输卵管中，每条输卵管后各接一粗大的子宫。2条子宫在身体前1/3处汇合成管状的阴道，阴道末端以雌性生殖孔开口于腹面（可据此确定雌性生殖孔的位置）（见图12-2、图12-3）。

3. 蛔虫横切面玻片标本的观察

取一蛔虫横切面玻片，先在低倍镜下观察，可见其体壁由 3 层结构组成，中央为一单层柱状上皮细胞构成的肠，体壁和肠壁之间为假体腔，假体腔内有许多生殖器官的断面（图 12-5）。

（1）体壁　体壁最外面为非细胞结构的角质层。角质层也分为多层，角质层不同部

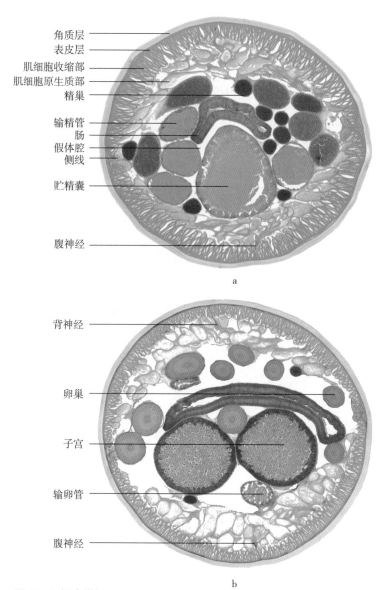

角质层
表皮层
肌细胞收缩部
肌细胞原生质部
精巢
输精管
肠
假体腔
侧线
贮精囊
腹神经

a

背神经
卵巢
子宫
输卵管
腹神经

b

图 12-5 蛔虫横切
a. 雄性；b. 雌性

分染色也不同（图 12-6a）。

角质层内侧的一层结构染色较深，为表皮层。表皮层细胞界线不分明，为合胞体结构。表皮层在体左右和背腹中央向内增厚，为侧线、背线和腹线。排泄管纵贯于侧线中；背线及腹线较细；侧线、背线和腹线靠近假体腔侧膨大，内包有背神经及腹神经，腹神经比背神经粗。

表皮层之下为肌肉层，较厚，被侧线、背线和腹线分隔成 4 个部分，每个部分由许多纵肌细胞组成。纵肌细胞基部是由纵行的肌原纤维组成的收缩部，细胞端部为泡状的原生质部，后者含原生质和细胞核。

[?] 通过观察肌原纤维的方向，你认为蛔虫可以完成哪种方式的运动？在切片中观察到的一些纵肌细胞中，只有原生质部而没有伸缩部，为什么？

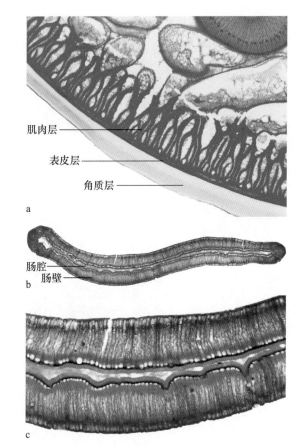

图 12-6 蛔虫横切放大图
a. 体壁局部；b. 肠壁；c. 肠壁局部

（2）肠　肠为一扁管，细胞界线明显。肠壁为单层柱状上皮细胞（高倍镜下可见）。肠壁内的腔为肠腔（图 12-6，b-c）。

（3）生殖器官　在假体腔中可观察到生殖系统各器官的横切面（见图 12-5）。

雌性生殖系统：横切面最小、形似车轮状的结构为卵巢，卵巢中心为轴，轴周围有辐射状排列的卵原细胞。输卵管的横切面类似卵巢，但轴已消失，有空腔；子宫 2 个，粗大（直径常超过假体腔的 1/4），圆形，有明显的空腔，其内的卵具有卵壳。

雄性生殖系统：精巢圆形，横切面最小，染色深，内充满排列紧密的球形生殖细胞，细胞之间界线不明显；输精管较粗，常具空腔，精子能做变形运动，形状不规则，在管内排列不很紧密；贮精囊非常粗大（直径占假体腔的 1/4 以上），壁比较厚。

[?] 为什么每张切片至多只有 1 个贮精囊的断面？在一些切片中只可看到生殖系统的部分结构，结合解剖观察，你认为这是为什么？

4. 示范实验

（1）铁线虫（*Gordius aquaticus*） 属线形动物门，体长 300 ~ 1 000 mm，体形似锈铁丝，生活时体呈深棕色。铁线虫无背线、腹线与侧线；前端钝圆，体表角质坚硬；雄性末端分叉，呈倒"Λ"形，分叉部分的前腹面为泄殖孔；雄性的精巢和雌性的卵巢多对，成对排列于身体的两侧。

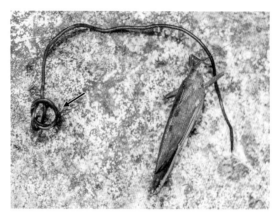

图 12-7 铁线虫（示箭头）

（2）蠕形住肠线虫（*Enterobius vermicularis*） 又称蛲虫，属线虫动物门，体很小，雄虫体长 2 ~ 5 mm，雌虫体长 8 ~ 13 mm，形如白色棉线头。

? 蛲虫虫体有何特点？寄生于何部位？宿主如何被感染？

（3）十二指肠钩虫（*Ancylostoma duodenale*）和美洲钩虫（*Necator americanus*） 属线虫动物门。

	十二指肠钩虫	美洲钩虫
大小 /mm	♀：（10 ~ 13）×0.6 ♂：（8 ~ 11）×（0.4 ~ 0.5）	（9 ~ 11）×0.4 （7 ~ 9）×0.3
体形	前端与后端均向背面弯曲，体呈"C"字形	前端向背面仰曲，后端向腹面弯曲，体呈"S"字形
口囊	腹侧前缘有 2 对钩齿	腹侧前缘有 1 对板齿
交合伞	撑开时略呈圆形	撑开时略呈扁圆形
交合刺	两刺呈长鬃状，末端分开	一刺末端呈钩状，常包套于另一刺的凹槽内

（4）猪巨吻棘头虫（*Macracanthorhynchus hirudinaceus*） 属棘头动物门，常寄生于猪肠内，体前粗后细，乳白色或淡红色。雌、雄大小悬殊，雌虫长可达 68 cm，雄虫长仅约 15 cm。虫体头端有吻突，其上有 36 个强大的棘，纵列成 12 行，以头部的棘附着于猪的小肠黏膜上。

作业

1. 绘制蛔虫的横切面图。

2. 总结蛔虫适于寄生生活的特征。

3. 蛔虫的哪些特征代表线虫纲的主要特征？

拓展阅读

孙凤华，沈明学，徐祥珍，等. 全国人群蛔虫感染现状调查 [J]. 中国病原生物学杂志，2008，3（12）：936-939.

王骏，陈颖丹，刘伦皓，等. 我国蛔虫病传播数学模型的建立与应用 [J]. 中国血吸虫病防治杂志，2011，23（5）：483-489.

翁培兰，彭卫东. 人蛔虫和猪蛔虫差异的比较研究 [J]. 中国寄生虫学与寄生虫病杂志，2006，24（2）：140-143.

LÖW P, MOLNÁR K, KRISKA G. Dissection of a roundworm (*Ascaris suum*) //Atlas of animal anatomy and histology [M]. Cham: Springer, 2016: 11-25.

OKULEWICZ A, LONC E, BORGSTEEDE F H. Ascarid nematodes in domestic and wild terrestrial mammals [M]. Polish Journal of Veterinary Sciences, 2002, 5（4）: 277-281.

实验 13 克氏原螯虾及其他甲壳动物

实验目的　　　　◎ 掌握克氏原螯虾的形态结构和功能

◎ 理解甲壳动物的主要特征

◎ 认识甲壳亚门重要类群的代表动物

实验内容　　　　◎ 克氏原螯虾的外形观察

◎ 克氏原螯虾的解剖

◎ 甲壳亚门重要类群代表动物的示范观察

实验材料与用品　◎ 克氏原螯虾活体和浸制标本，水蚤、对虾、中华绒螯蟹示范标本

◎ 解剖器、解剖盘、放大镜、普通光学显微镜、玻璃棒、稀释的蓝墨水

实验提示　　　　◎ 也可用刀额新对虾代替克氏原螯虾进行实验。克氏原螯虾俗称小龙
虾，刀额新对虾俗称基围虾，均为常见、重要经济虾类。若有条件，
可同时观察克氏螯虾与刀额新对虾

◎ 解剖过程中去除头胸甲和腹部背板时，应仔细剥离甲壳与附在其内缘
的肌肉及其他内脏器官，以防损坏内部器官

◎ 观察和移除附肢要按照附肢的排列顺序从前到后依次进行，摘取附肢
时，要用大镊子夹住附肢基部，与虾体垂直拔下

实验操作与观察

1. 运动观察

观察水族箱中的克氏原螯虾（或刀额新对虾）的运动方式，注意动物在行走、取食（以及刀额新对虾在游泳）时各附肢的运动情况。用玻璃棒触动刀额新对虾，观察其在受到较大扰动后的快速游泳方式。

2. 外部形态观察与解剖

取一克氏原螯虾（或刀额新对虾）标本放入解剖盘内，注入清水，进行观察：克氏原螯虾体色变异较大，背部常呈暗红色，腹部近红棕色；刀额新对虾身体分头胸部和腹部，体表被以几丁质外骨骼，体色多为淡绿色至半透明，体表密布墨绿色斑点（图13-1、图13-2）。

（1）头胸部 头胸甲包在整个头胸部外面，约占体长的一半。头胸甲向前端中央延伸形成的1个背腹扁平（刀额新对虾为侧扁）的棘状突起，为额剑；额剑左、右侧缘（刀额新对虾为上缘和下缘）有锯齿，锯齿的数量和分布是分类的依据之一。额剑基部的下方两侧各有1个粗短的眼柄，端部着生有复眼。

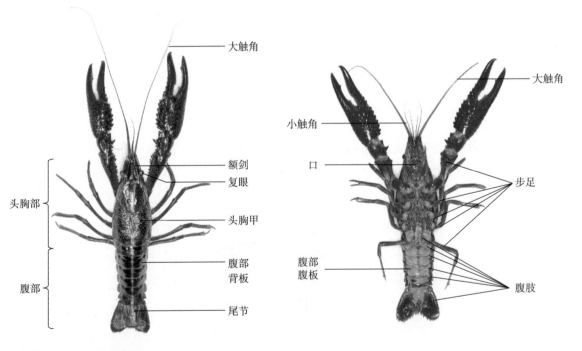

图 13-1 克氏原螯虾的外形

? 请你数一数额剑两侧的齿数是多少？

图13-2 刀额新对虾的外形

（2）腹部 克氏原螯虾背腹扁平，刀额新对虾体侧扁。腹部共7个体节，包括前面6个明显的体节和最后的1个尖形的尾节。各体节的外骨骼可分为背面的背板、腹面的腹板及两侧下垂的侧板。尾节扁平，腹面正中有一纵裂缝，为肛门。

（3）附肢 附肢共有19对。各附肢内肢和外肢的结构与功能变化非常大。左手持虾，使其腹面朝向观察者，仔细观察各附肢的形态和着生位置。将一侧的附肢从前到后依次取下，按顺序放在解剖盘内（摘取附肢时，用镊子夹住其基部向外拔，保证所取附肢的完整）。头胸部及腹部附肢由前到后依次如下。

① 头部附肢共5对，前面2对附肢为触角，后面3对附肢参与口器的构成。

触角：眼柄内侧、额剑下方有1对小触角，末端为细的触鞭。位于眼柄下方为1对大触角，触鞭很长，触角基节腹面有排泄孔（图13-3上）。

口器：由头部的1对大颚、2对小颚和胸部的3对颚足组成（图13-3下，图13-4上）。

大颚原肢坚硬，分为门齿部和臼齿部。门齿部边缘有小齿，可切断食物；臼齿部的齿面有小突起，可研磨食物。内肢形成颚须，第1、2小颚原肢节薄片状。其中，第1小颚内肢演变为小颚须，外肢退化；第2小颚内肢细小，外肢发达，扁平宽大，称为呼吸板，也称颚舟叶，具有拨动水流、促进鳃室内水循环的功能。

② 胸部附肢共8对。

颚足：3对，为口器的组成部分。第1颚足外肢基部大；第2、3

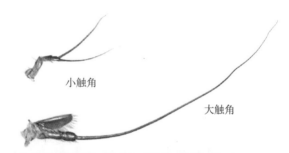

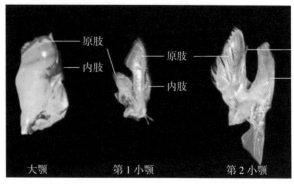

图13-3 克氏原螯虾头部附肢

颚足的内肢发达，外肢细长。颚足基部有鳃（见图13-4上）。

步足：步足共5对。原肢2节，称为基节和底节。内肢发达，分为座节、长节、腕节、掌节和指节5节，外肢退化，足基部具鳃。前3对步足末端为钳状，后2对为爪状（图13-4下）。克氏原螯虾第1对步足为螯足，是捕食和御敌器官。雄虾的第5对步足基部内侧各有一雄性生殖孔，用解剖针将第5对步足朝外轻压，可见明显的雄性生殖孔（图13-5a）；雌虾的第3对步足基部内侧各有一雌性生殖孔，第4对和第5对步足之间、腹面中央有一受精囊孔（图13-5b）。

③ 腹部附肢包括5对游泳足和1对尾肢。游泳足呈扁平片

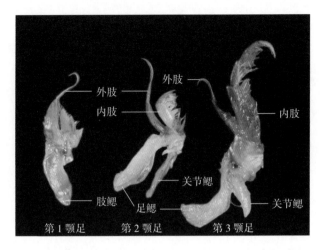

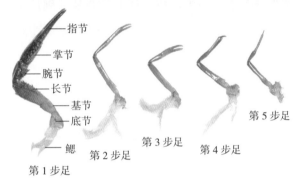

图13-4 克氏原螯虾胸部附肢

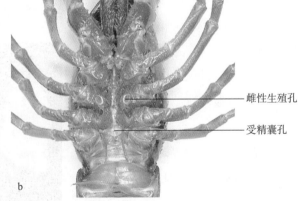

图13-5 克氏原螯虾胸的生殖孔
a. 雄性；b. 雌性

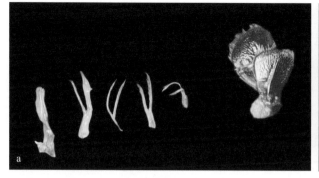
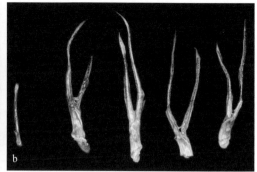

图 13-6 克氏原螯虾的腹部附肢

a. 雄性；b. 雌性（不含最后 1 节的附肢）

状，原肢 2 节，内、外肢均不分节，周缘密生刚毛。雄性克氏原螯虾第 1、2 对腹部附肢特化为棒状交接器，这两对附肢尖端白色、中部和基部淡红色，钙质。雌虾第 1 腹足细小，外肢退化。最后 1 对附肢为尾肢，其内、外肢扁平宽大，不分节，与尾节构成尾扇（图 13-6）。刀额新对虾第 1 腹足左右相接，形成管状交接器。

3. 内部器官解剖与观察

用剪刀将克氏原螯虾左侧头胸甲的下半部剪开并移去，可见鳃腔内的鳃。小心分离头胸甲上半部与其下器官的连接部分，完全移去左侧头胸甲，进行如下观察。

（1）鳃　克氏原螯虾的第 1 颚足有 1 对薄片状肢鳃，第 2、3 颚足和第 1~4 步足基部各有 1 对羽状的足鳃，第 2、3 颚足的足与体壁的关节膜上有一关节鳃，在第 3 颚足和第 1~4 步足的基部有关节鳃（见图 13-4 上，图 13-7）。

刀额新对虾第 1、2 颚足各有 1 对薄片状肢鳃，在第 2、3 颚足和第 1~5 步足基部有 7 对羽状的足鳃。

（2）循环系统　仔细剪开头胸甲和腹部背板之间的膜，用小镊子深入头胸甲，自后向前紧贴头胸甲内壁，小心分离头胸甲和内部的结构。然后用剪刀从头胸甲中央、右后向前剪开头胸甲，用大镊子仔细剥离头胸甲。

头胸部后半部背侧的囊状结构为围心窦。用镊子轻轻撕开围心窦膜，可

图 13-7 克氏原螯虾的鳃

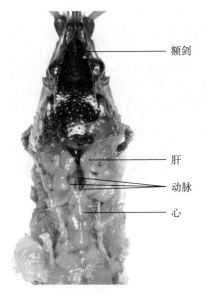

图 13-8 克氏原螯虾的心脏和部分血管

额剑

肝

动脉

心

见半透明肌肉囊，为心（图 13-8）。用放大镜观察心的背面、侧面和腹面，可见 3 对心孔。用镊子轻轻提起心，其前方和后下方连着的略呈白色的半透明小管为动脉。心脏向前发出 1 条短而粗的胸上动脉，胸上动脉向前分出 5 条细而透明的动脉，从中间到两侧依次为 1 条眼动脉、1 对触角动脉和 1 对肝动脉。心脏向后发出 1 条腹上动脉。腹上动脉位于后肠背方，与后肠并行贯穿整个腹部。腹上动脉基部向腹部分出 1 条动脉，称胸直动脉，通向腹面的动脉。

▶ 视频 13-1　虾心搏动

（3）生殖器官　克氏原螯虾的生殖腺位于围心窦腹面，紧贴围心窦，用镊子推开心脏即可见如下结构。

雄性：精巢 1 对，白色，后部愈合为 1 个（图 13-9a）。轻轻提起精巢，可见每侧精巢向侧下方发出 1 条细长的输精管，雄性生殖孔位于第 5 对步足基部内侧。

雌性：卵巢 1 对，后部愈合为 1 个（图 13-9b）。卵巢大小、颜色和形状随发育时期的不同有很大差别。每侧卵巢发出 1 条短小的输卵管，其末端开口于第 3 对步足基部内侧的雌性生殖孔。在第 4、5 对步足间的腹板上，有一椭圆形乳突，中有一纵行开口，为

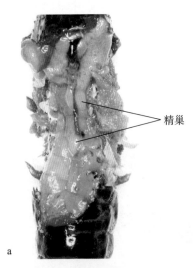

精巢

a

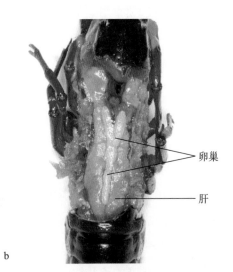

卵巢

肝

b

图 13-9 克氏原螯虾的生殖腺
a. 雄性；b. 雌性

受精囊孔，内为受精囊（见图 13-5b）。

（4）消化器官 用镊子移去生殖腺，可见其下方两侧各有一团黄色的肝（刀额新对虾的肝为褐色），移去一侧的肝，可见其前下的肠及前方囊状的胃。胃分为贲门胃和幽门胃 2 部分。贲门胃较大，且壁薄，位于额剑后下方，透过胃壁可见其内的深色食物。贲门胃之后较小、壁较厚的圆囊为幽门胃（图 13-10）。剪开胃壁，可见贲门胃内有 3 个钙齿组成的胃磨，幽门胃内具刚毛（图 13-11）。用镊子轻轻提起贲门胃，可见其前面腹方连一短管，为食管。食管向前通入由口器围成的口腔中。幽门胃后、肝之间为较短的中肠。中肠之后，贯穿整个腹部的壁薄细管为后肠，透过肠壁可见内有深色食物。肛门开口于尾肢与尾节之间。

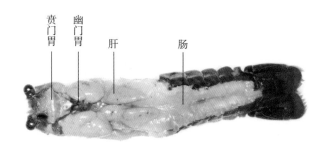

图 13-10 克氏原螯虾的消化器官

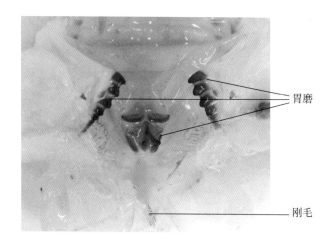

图 13-11 克氏原螯虾的胃纵剖

[?] 胃磨和刚毛的作用是什么？你在吃虾的时候去掉的"虾线"是什么器官？

（5）排泄器官 除去贲门胃，在大触角基部外骨骼的内侧，有一扁圆形腺体，为触角腺，是成虾的排泄器官（图 13-12）。生活状态下的触角腺呈淡绿色，又称绿腺，浸制标本的触角腺常为白色。触角腺后接大而壁薄的膀胱，膀胱伸出短管，开口于大触角基部腹面的排泄孔。

（6）神经和感官 用镊子将其他内脏器官除去，仅保留食管。用解剖刀自背侧向腹侧剖开肌肉，可看到腹面中央白色索状的腹神经链，其由 2 条神经干愈合而成（图 13-13）。克氏原螯虾有 11 个（对）神经节，刀额新对虾有 12 个（对）神经节。用镊子分离周边组织，沿腹神经链前行，可见食管下的第 1 个神经节较大，为食管下神经节。沿食管下神经节向上小心地剥离，在食管左、右两侧有 2 条围食管神经。沿围食管神经向前，在食管之上，围食管神经汇合处（位于两眼基部之间）有一较大神经节，为脑神经节。

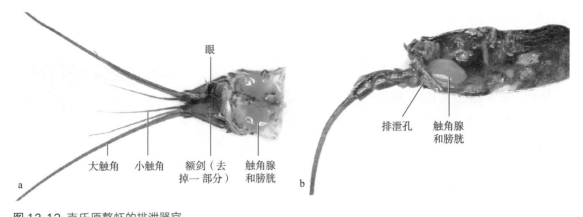

图 13-12 克氏原螯虾的排泄器官

a. 示触角、眼、触角腺和膀胱的相对位置；b. 示排泄孔、一侧的触角腺和膀胱

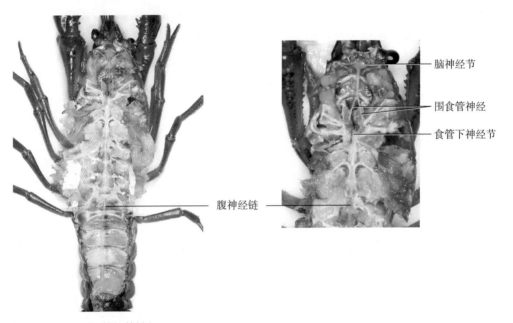

图 13-13 克氏原螯虾的神经

4. 示范实验

（1）水蚤（*Daphnia*）　又称溞，属鳃足纲。体长不足 3 mm，身体呈扁卵圆形，背甲 2 瓣，包住身体大部分，体末端延长成刺。1 对黑色复眼和 1 对双枝型的大触角非常明显。大触角的内、外枝上具羽状刚毛，为主要运动器。胸肢 5 对。背侧有一较大的孵育室，其内常有若干发育中的幼体，卵胎生。心脏位于胸部前端背面，观察活标本，可见心不停地跳动。水蚤为淡水池塘中最常见的甲壳动物之一，是鱼类的重要饵料，也是环境监测的重

要指示物种。

（2）对虾（*Penaeus*）　属软甲纲十足目对虾科，体长 15~20 cm，甲壳薄而透明，大触角很长，主要产在黄海和渤海湾中，过去市场上常成对出售，所以称对虾。

（3）中华绒螯蟹（*Eriocheir sinensis*）　又称河蟹，属软甲纲十足目，为我国著名的淡水蟹。体分头胸部和腹部，头胸甲特别发达，略呈圆形或椭圆形，其前缘和两侧各有 4 个小齿。腹部较退化，折叠在头胸部的腹面，称蟹脐。雄蟹的蟹脐呈三角形，雌蟹的蟹脐呈圆形。肛门开口于腹部末端。第 1 对步足较大，呈钳状，其上长有绒毛；其余步足扁平，末端呈爪状。腹肢较退化。

5. 选做小实验

（1）复眼观察　用刀片从克氏原螯虾复眼表面切一薄片，制成临时装片，置于显微镜下观察：先在低倍镜下选择一个切片中比较透明的地方，换高倍镜观察复眼中小眼的形状，可见克氏原螯虾复眼的小眼角膜为方形（图 13-14）。

（2）血管注射观察　向克氏原螯虾心脏轻轻注入稀释的蓝墨水，可观察主要的动脉血管。

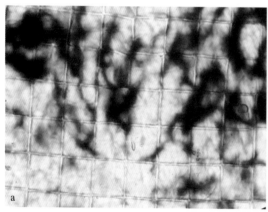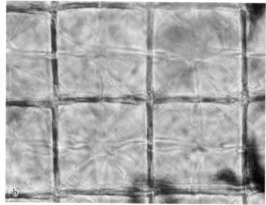

图 13-14 克氏原螯虾复眼表面切片
a. 低倍镜；b. 高倍镜

作业

1. 绘制刀额新对虾外形图（侧面观），注明各部结构名称。
2. 绘制克氏原螯虾贲门胃纵剖图。
3. 比较虾和蟹形态、结构的异同。

拓展阅读

曹玲亮，周立志，张保卫．安徽三大水系入侵物种克氏原螯虾的种群遗传格局 [J].生物多样性，2010，18（4）：398-407.

郭恩棉，申端祥，王琳．刀额新对虾复眼组织结构的研究 [J].水产科学，2013（7）：416-419.

胡景杰，陈宽智．中国对虾复眼的研究：Ⅰ.解剖与组织结构 [J].海洋科学，1997（2）：30-34.

王群，赵晓勤，赵云龙，等．刀额新对虾输精管的组织学及精荚形成 [J].中国水产科学，2002，9（2）：110-113.

吴仲庆．桂林地区克氏原螯虾对泽蛙蝌蚪的捕食 [J].动物学研究，1988，16（4），150-155.

BLISS D E，PROVENZANO A J. The biology of Crustacea [M]. New York: Academic Press，1985.

实验 14 棉蝗

实验目的　　　　　○ 通过对棉蝗外部形态的观察和内部器官的解剖，掌握昆虫纲的主要特征

实验内容　　　　　○ 棉蝗的外部形态观察
　　　　　　　　　　○ 棉蝗的内部器官解剖

实验材料与用品　○ 新鲜浸制或冰冻的棉蝗标本
　　　　　　　　　　○ 蜡盘、解剖器、大头针、载玻片、盖玻片、培养皿、放大镜、解剖镜、普通光学显微镜、甘油等

实验提示　　　　　○ 摘取棉蝗口器的时候一手执棉蝗，捏住头部，另一手用大镊子夹住口器基部将口器摘下，仅捏着胸部摘取口器会导致头部与胸部分离
　　　　　　　　　　○ 摘下的口器有时会带有肌肉，要将其分离，避免将肌肉误判为口器的某一结构

实验操作与观察

1. 棉蝗的外部形态观察

新鲜的棉蝗体表呈黄绿色，浸制标本呈黄褐色，体表被几丁质的外骨骼包围，身体明显分为头、胸、腹3个部分。

（1）头部　棉蝗头部位于体前端，外骨骼愈合成坚硬的头壳，在骨片愈合处，内陷形成内骨骼，使头部表面形成一些沟，将头壳分为以下几部分：在头的背上方、两复眼之间的部分是头顶，头顶前缘向下，即头壳正前面为额；额之下连1块横长方形的唇基；头的两侧部分为颊；头顶和颊之后为后头（图14-1）。

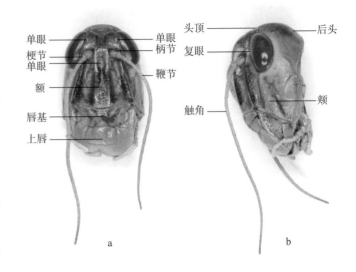

图14-1 棉蝗头部的前面观（a）和侧面观（b）

头前方、额上部着生有1对丝状的触角。触角由柄节、梗节及鞭节组成，鞭节又分为许多亚节。

头顶两侧有1对椭圆形的复眼，较大，棕褐色。用刀片自复眼表面切一薄片，置于载玻片上，加甘油，盖上盖玻片。显微镜下观察，可见复眼由许多六角形的小眼组成。

头部还着生有3个小的单眼，圆形，浅棕色。其中，2个单眼位于复眼内侧上方，1个位于额部中央。3个单眼呈倒置的等边三角形分布。

[?] 复眼和单眼的视觉功能有何不同？

头的下方着生有口器，在唇基下缘连1片近方形的上唇。用镊子掀起上唇的下缘，可见到1对粗壮的上颚。上颚之后有1对下颚、1个舌和1个下唇（图14-2）。棉蝗具有典型的咀嚼式口器。

用大镊子紧紧夹住口器各部分的基部，依次顺其生长方向用力取下，并依次放在培养皿内，用放大镜观察。

上唇为一个略呈方形的薄片，其外壁骨化，内壁柔软，具味觉器和毛。上颚是1对大而坚硬的锥状构造，前端有齿，称切齿叶，后部有一粗糙面，称臼齿叶。下颚的基部分为 2 节，即轴节和茎节。茎节端部着生 2 个能活动的薄片，分别为外颚叶（呈匙状，柔软宽大）和内颚叶（较硬，端部具齿）。在茎节外侧有 1 根分成 5 节的下颚须，着生在茎节外缘的负颚须节上。

[?] 上颚中切齿叶和臼齿叶两个部分的功能有何不同？

下唇构成口器的底板，由 1 对与下颚相似的附肢合并而成：下唇基部的 2 节分别称为亚颏和颏，统称为后颏，相当于下颚的轴节；后颏的端部变窄，与前颏相接，前颏较宽，相当于下颚的茎节；前颏端部具 1 对较大

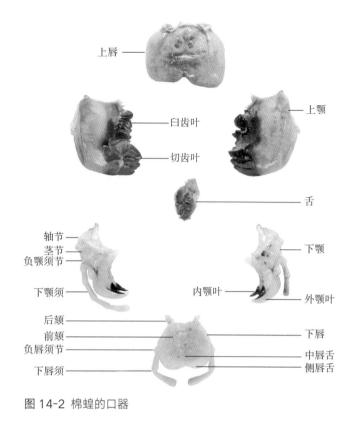

图 14-2 棉蝗的口器

的叶状侧唇舌和 1 个较小而居中的中唇舌；在前颏两侧生有 1 对分 3 节的下唇须，下唇须通过负唇须节与前颏连接。在上颚和下颚之间、口前腔的中央，有 1 个近椭圆形的囊状舌，表面具毛和细刺。

[?] 蝗虫口器的各部分之间是怎样配合进行取食的？

（2）胸部　棉蝗胸部位于头部后方，由 3 节组成，由前向后依次称为前胸、中胸和后胸。由于附着强大肌肉的需要，胸部的外骨骼非常坚硬。每一胸节均由背板、腹板及侧板构成（图 14-3）。

棉蝗的前胸背板特别发达，呈马鞍形从两侧向下扩展，几乎盖住整个侧板，后缘中央伸至中胸背面。中胸背板和后胸背板较小，掀起两翅可见，略呈长方形，表面有沟。前胸腹板在两前足间有一向后弯曲的囊状突起，称为前胸腹板突。中、后胸腹板合成 1 块，表面有沟，将骨板分成若干骨片。前胸侧板为三角形小骨片，位于前胸背板的下前端。中胸侧板和后胸侧板发达，表面各有 1 条斜沟，将侧板分为前、后两部分。

在前胸侧板和中胸侧板之间、中胸侧板及后胸侧板之间的薄膜上，各有 1 对气门，为边缘加厚的裂缝（图 14-4）。将前胸背板侧下角稍掀起方可看到前 1 对气门，后 1 对

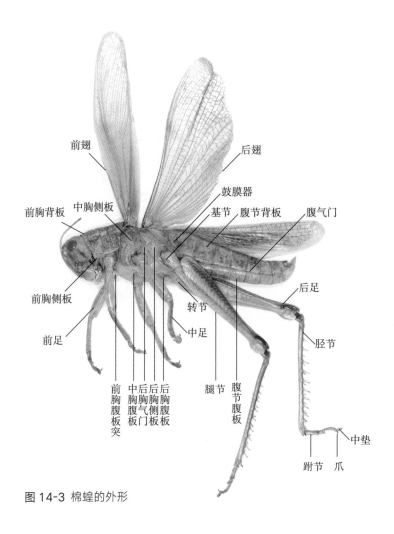

前翅　　　　　　　　　　　　　　后翅

　　　　　　　　　　　　　　　鼓膜器

前胸背板　中胸侧板　　　　　　基节　腹节背板　　腹气门

前胸侧板

前足　　　　　　　　　　　　　　　　　　　　　　后足

　　　　　　　　　　　　转节　　　　　　　　　　胫节

　　　　　　　　　　　　　中足

前　中后后后　　腹　　　　　　　　　　中垫
胸　胸胸胸胸　　节　　　　　　跗节　爪
腹　腹腹气侧腹　腹　　　　腿节
板　板板门板板　板　　　　　腹节
突　　

图 14-3 棉蝗的外形

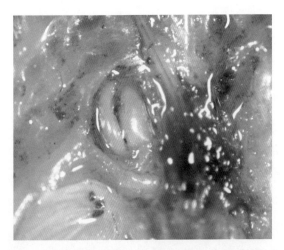

图 14-4 棉蝗的气门

气门位于中足基部。

　　各胸节上均有 1 对足，依次称为前足、中足、后足。各足均由 6 节构成，包括基节、转节、腿节、胫节、跗节和前跗节。前足、中足较小，为步行足；后足腿节和胫节发达，为跳跃足。蝗虫足的转节狭小，位于腿节基部的内侧。后足的腿节和胫节均加长，腿节粗壮，胫节后缘有 2 排锯齿。跗节由 3 个小节组成，第 1 节有假分节现象（表面仅有 2 个凹痕，没有完全分为不同的节）。前跗节具 2 个爪和 1 个中垫。

中、后胸各具 1 对翅，依次称为前翅和后翅。前翅狭长，较厚，近似革质，也称为复翅。后翅宽大，膜质，折叠在前肢下方。

（3）腹部　体壁较柔软，主要由发达的背板（覆盖背部和两侧）和腹板组成，侧板退化为连接背板和腹板的侧膜。腹部由 11 节组成（见图 14-3）。第 1 腹节与后胸愈合，其两侧各有 1 个大而椭圆的膜状结构，为听器（又称鼓膜器）。雌性和雄性的第 1～8 腹节外形相似，在背板两侧前下方各有 1 个气门。第 9、10 两节背板较狭，部分愈合。第 11 节背板形成背面三角形的肛上板，盖着肛门，肛上板的两侧有 1 对尾须（雄虫的较雌虫的大），其下方有 1 个三角形的肛侧板（图 14-5）。

腹部末端着生有外生殖器（图 14-5）。雄虫的外生殖器称为交配器。第 9 节腹板发达，向后延长并向上翘起，形成匙状的下生殖板（图 14-5a）。将下生殖板向下压，可见内有一突起，即为阳茎。雌虫第 8 节腹板较长（第 9、10 节无腹板），外生殖器称为产卵器，短而坚硬，包括腹部末端 2 对锥状的产卵瓣，分别称为背产卵瓣和腹产卵瓣，还有 1 对小的内产卵瓣，位于背产卵瓣内侧（图 14-5b）。

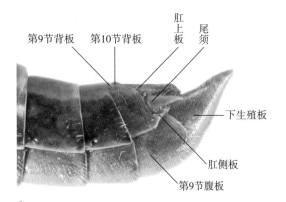
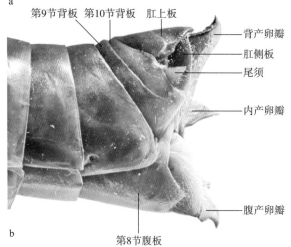

图 14-5　棉蝗的腹部后端
a. 雄性；b. 雌性

? 棉蝗的卵产在什么地方？

2. 棉蝗的内部器官解剖

手执蝗虫，使其背部向上，先剪去翅和足，再从腹部末端尾须开始插入剪刀，向前沿气门上方将两侧体壁剪开（注意剪开体壁时，剪刀尖应上翘，勿伤及内部器官），剪至前胸背板前缘，然后从背侧剪断两侧尾须之间的背板，以及背侧前胸与头之间的膜状结构，用小镊子小心剥离体壁和肌肉的组织，可将背部体壁整体掀开。

将蝗虫背部朝上、取下的背板内壁朝上置于盛有清水的蜡盘中。依次观察下列器官系统。

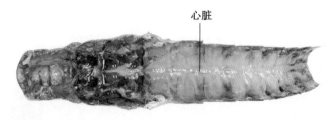

图 14-6 棉蝗的心脏

（1）循环系统　在背板内壁中线上，可见 1 条半透明的细长管状构造，为心脏（图 14-6）。心脏依体节有若干略膨大的部分，称为心室。心脏前端连有一细管，为大动脉。心脏两侧有扇形的翼状肌。

▢？ 解剖镜下是否能观察到心室的心孔，是否能清楚观察到棉蝗的 8 个心室？这些心室分别在第几腹节？

（2）呼吸系统　掀动体壁，可看到自气门向体内有许多白色分支小管分布于内脏器官和肌肉中，即为气管。在内脏背面两侧还有许多膨大的气囊。用镊子撕取胸部肌肉少许，或剪取一段气管放在载玻片上，制成装片。在显微镜下观察，可看到气管壁内膜有几丁质螺旋丝，可以与其他结构区分开。

▢？ 螺旋丝有何作用？

（3）生殖系统　棉蝗为雌雄异体，各小组可互换不同性别的标本进行观察。

雄性：精巢位于腹部消化管的背方，为 1 对左右相连的长椭圆形结构。每个精巢由许多小管组成，即精巢小管。精巢腹面向后伸出 1 条输精管。分离周围组织可看到左、右 2 条输精管绕到消化管腹面汇合成 1 条射精管。射精管穿过下生殖板，开口于阳茎末端。射精管前端两侧有一些弯曲的细管，为附腺，通入射精管基部。将附腺的细管拨散开，还可看到 1 对贮精囊，也开口于射精管基部（图 14-7a）。观察时可将消化管末段向背方略挑起，便于寻找，但勿将消化管撕断。

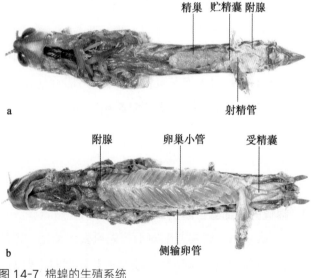

图 14-7 棉蝗的生殖系统
a. 雄性；b. 雌性

雌性：1 对卵巢位于腹部消化管的背方，由许多自中线斜向后方排列的卵巢小管组成。卵巢外侧各有一白色囊状结构，为卵萼，为暂时贮存卵的结构。卵萼之后连接较为粗大的输卵管。分离输卵管周围的组织，并将消化管末段向背方略挑起，可见两侧输卵管在身体后端绕到消化管腹面汇合成 1 条总输卵管，末端开口于腹产卵瓣之间。自输卵管靠近末端背方伸出 1 条弯曲的小管，为受精囊管，其末端为膨大的受精囊（图 14-7b）。卵巢的前端具 1 对弯曲的管状腺体，为附腺。

（4）消化系统　消化管从口至肛门，纵贯于体腔中央，可分为前肠、中肠和后肠。前肠之前有由口器围成的口前腔，口前腔之后是口。用镊子移开精巢或卵巢后进行观察。前肠包括口后的咽、食道、嗉囊和前胃（图 14-8）。中肠又称胃，中肠前端伸出 12 个呈锥状的胃盲囊，6 个伸向前方，6 个伸向后方。后肠包括回肠、结肠和直肠，其末端开口于肛上板下的肛门。唾液腺 1 对，位于嗉囊腹面两侧，色淡，葡萄状，有 1 对导管前行，汇合后通入口前腔。

[?] 胃盲囊有何作用？

（5）排泄器官　在中肠、后肠交界处伸出许多细长的、游离于血腔中的盲管，称为马氏管（图 14-8）。可将虫体浸入培养皿内的水中，在放大镜下观察。

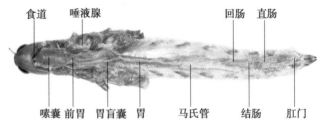

图 14-8 棉蝗的消化系统和排泄系统

（6）神经系统　去除头部左侧的外骨骼，再用镊子小心地除去头壳内的肌肉，可观察中枢神经系统。位于消化管的背面、两复眼之间的淡黄色块状物是脑（图 14-9）。由脑向前发出的主要神经各通向单眼、复眼和触角。由脑向后发出的 1 对神经在食道两侧成为围咽神经。用镊子将消化管前端轻轻挑起，可见围咽神经绕过食道，与咽下神经节相连。其后连有白色的腹神经索，由两支组成，在一定部位汇合并膨大为神经节，并发出神经通向其他器官。

图 14-9 棉蝗的神经系统

作业

1. 制作蝗虫口器的分解标本：将蝗虫口器的各部分分别取下后，按照着生的相对位置粘贴在白纸上，并标注各部分和结构的名称。

2. 通过对棉蝗的观察与解剖，请你总结昆虫纲的主要特征，并思考其中哪些特征是对陆地生活的适应。

3. 结合棉蝗头部感觉器官、口器各部分及各消化器官的功能，试述其取食和消化过程。

拓展阅读

彩万志，庞雄飞，花保祯，等 . 普通昆虫学 [M]. 2 版 . 北京：中国农业大学出版社，2011.

荣秀兰，李琦，赵华 . 棉蝗的形态研究 IV . 腹部 [J]. 华中农业大学学报，1992（4）：32-37.

荣秀兰，余逊玲，朱达美，等 . 棉蝗 *Chondracris rosea rosea*（De Geer）的形态研究——I . 头部 [J]. 华中农业大学学报，1988（3）：71-79.

朱伟仪 . 棉蝗神经系统的解剖方法 [J]. 生物学通报，1990（12）：44.

实验 15 昆虫分类

实验目的　○ 掌握昆虫分类的基本知识，学会昆虫分类检索表的使用方法

○ 了解昆虫纲各重要目的主要特征

○ 认识一些常见的昆虫纲代表种类

实验内容　○ 观察昆虫不同的口器、触角、足和翅的类型

○ 观察昆虫的不同变态类型

○ 学习使用检索表，鉴定实验中所给的昆虫属于哪个目，并列表记录不同昆虫的形态特点

实验材料与用品　○ 重要目的代表昆虫成虫的针插标本，不同变态类型昆虫的卵、幼体（或若虫、稚虫、幼虫）、蛹和成虫的生活史标本

○ 实体镜、放大镜、镊子和解剖针等

实验提示　○ 利用检索表对昆虫进行分类之前，要先熟悉昆虫的重要分类特征（如口器、触角、足和翅等）。通过仔细观察，对昆虫各特征所属类型作出正确判断。查检索表时，应避免选错检索途径；检索到标本所属的目之后，还必须与该目的特征进行全面对照，确定检索结果是否正确

实验操作与观察

1. 昆虫不同类型口器的观察

(1) 咀嚼式　蝗虫、螳螂、蜻蜓、天牛的口器，为典型的咀嚼式口器，是原始的口器类型。

(2) 刺吸式　如蝉、蜻和蚊的口器。口器各部分特化成细针状，上颚和下颚延长为细长的口针；端部有倒刺，主要起刺入寄主组织的作用；左、右下颚口针嵌合形成食物道和唾液道，上颚包在下颚外侧；下唇延长成包被与保护口针的喙。此类口器适合于刺破动、植物表皮和吸食动、植物汁液（图 15-1a）。蚊子具有 6 根口针，即除上颚和下颚口针外，上唇和舌也特化为口针。上唇口针较粗大，口针端部尖锐如利剑（图 15-1b）。

(3) 嚼吸式　如熊蜂的口器（图 15-1c）。上唇和上颚与咀嚼式口器相同，上颚发达，主要用于咀嚼花粉与筑巢。下颚和下唇特化成可吸食液体食物的喙。下颚的外颚叶发达，刀片状。下唇的中唇舌与下唇须延长。当取食液体食物时，外颚叶包被在中唇舌的背侧两面形成食物道，下唇须合贴在中唇舌的腹面形成唾液道。此类口器适合于咀嚼花粉和吸吮花蜜。

(4) 舐吸式　如蝇类的口器（图 15-1d）。上、下颚均退化，仅余 1 对棒状的下颚须；下唇特化为喙；喙末端膨大成 1 对大的唇瓣，其上具环沟及纵沟；两唇瓣间有 1 小孔，称为前口，与食物道相通。取食时，唇瓣展开，平贴在食物上，在唧筒的作用下，液体食物经环沟和纵沟流入前口。此类口器适合于舐食和吸取物体表面的液体食物。

(5) 虹吸式　如蝶、蛾类的口器（图 15-1e）。下颚的外颚叶发达，形成长而能卷曲的喙。两叶中间为食物道。取食时，喙借肌肉与血液的压力伸直。口器其余部分均退化，仅下唇须发达，外侧密生细长的鳞片，内侧光滑。此类口器适合于吸吮花蜜。

2. 昆虫不同类型触角的观察

(1) 刚毛状　鞭节纤细似 1 根刚毛，如蜻蜓、蝉的触角（图 15-2a）。

(2) 丝状　鞭节各节细长，无特殊变化，如蟋蟀、天牛的触角（图 15-2b）。

(3) 念珠状　鞭节各节圆球状，如白蚁的触角（图 15-2c）。

(4) 锯齿状　鞭节各节的端部有一短角突起，整个触角形似锯条，如芫菁的触角（图 15-2d）。

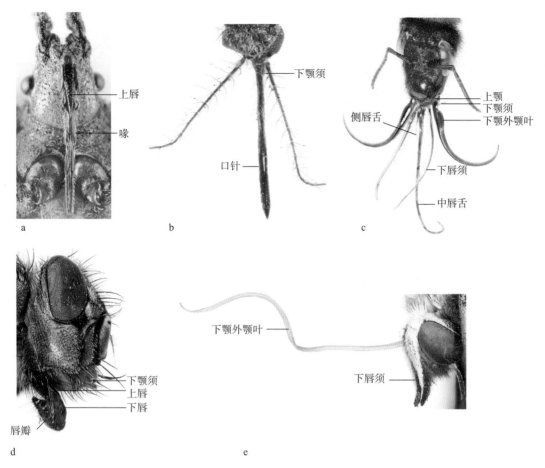

图15-1 昆虫口器的类型

a. 蝽刺吸式口器；b. 蚊刺吸式口器；c. 熊蜂嚼吸式口器；d. 蝇类舐吸式口器；e. 蝶类虹吸式口器

（5）栉齿状　鞭节各节的端部有一长形突起，整个触角呈栉（梳）状，如栉角萤的触角（图15-2e）。

（6）羽状　鞭节各节端部两侧均有细长突起，整个触角形似羽毛，如雄性蚕蛾的触角（图15-2f）。

（7）膝状　鞭节与梗节之间弯曲成一角度，如蚂蚁、蜜蜂的触角（图15-2g）。

（8）具芒状　鞭节仅一节，肥大，其上着生1根芒状刚毛，如蝇类的触角（图15-2h）。

（9）环毛状　鞭节各节基部生有1圈刚毛，如库蚊的触角（图15-2i）。

（10）棒状　鞭节末端数节逐渐膨大，似棒球杆，如蝶类的触角（图15-2j）。

（11）锤状　鞭节末端数节突然膨大，如露尾甲、郭公虫等的触角（图15-2k）。

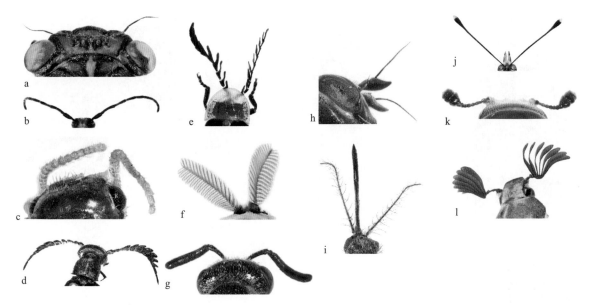

图 15-2 昆虫触角的类型

a. 刚毛状；b. 丝状；c. 念珠状；d. 锯齿状；e. 栉齿状；f. 羽状；g. 膝状；h. 具芒状；i. 环毛状；j. 棒状；k. 锤状；l. 鳃片状

（12）鳃片状　鞭节各节具一片状突起，各片重叠在一起时似鳃片，如金龟子的触角（图 15-2l）。

3. 昆虫不同类型足的观察

（1）步行足　各节均细长，适于步行，如蝗虫的前足和中足，蜚蠊、步甲的足。

（2）跳跃足　腿节粗大，胫节细长而多刺，适于跳跃，如蝗虫的后足。

（3）捕捉足　基节长大；腿节发达，腹缘有沟，沟两侧具成列的刺；胫节细长，腹缘亦具 2 列刺。此类足适于捕捉和把握食物，如螳螂的前足（图 15-3a）。

（4）开掘足　各节均短而宽大；胫节端部有发达的齿；跗节极小，着生在胫节外侧，呈齿状。此类足适于掘土，如蝼蛄的前足（图 15-3b）。

（5）游泳足　胫节和跗节扁平，呈桨状，边缘具成列的长毛。此类足适于游泳，如龙虱的后足（图 15-3c）。

（6）携粉足　各节均具长毛，胫节下部扁宽，外侧光滑而凹陷，两边有成列长毛，相对环抱，形成"花粉篮"，用以携带花粉；跗节分 5 节，第 1 节膨大，内侧具有数排横列的硬毛，可用以梳刷黏附在体毛上的花粉；胫节与跗节相接处有一缺口为压粉器。此类足适于携带花粉，如熊蜂的后足（图 15-3d）。

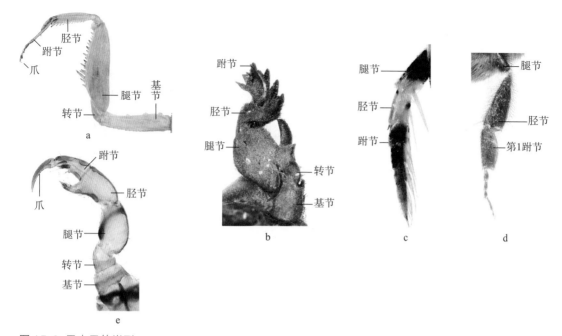

图 15-3 昆虫足的类型

a. 捕捉足；b. 开掘足；c. 游泳足；d. 携粉足；e. 攀缘足

（7）攀缘足　胫节腹面有一指状突，能与跗节和爪合抱以握持毛发或织物纤维，如虱的足（图 15–3e）。

4. 昆虫不同类型翅的观察

（1）膜翅　膜质，薄而透明，翅脉清晰可见，如蝗虫的后翅，蜻蜓、蜂类的翅。

（2）革翅　又称复翅。革质，稍厚有弹性，半透明，翅脉仍可见，如蝗虫的前翅。

（3）鞘翅　角质，厚而坚硬，不透明，翅脉不可见，如金龟子的前翅（图 15-4a）。

（4）半鞘翅　基半部厚而硬，鞘质或革质，翅脉不可见；端半部膜质，翅脉可见。此类翅如蝽类的前翅（图 15–4b）。

（5）鳞翅　膜质，表面密被由毛特化的鳞片，如蛾、蝶的翅（图 15–4c）。

（6）缨翅　膜质，狭长，边缘着生成列缨状毛，如蓟马的翅（图 15–4d）。

（7）毛翅　膜质，表面密被细毛，如石蛾的翅（图 15–4e）。

（8）平衡棒　后翅特化成棒状或勺状，如蚊、蝇的后翅（图 15–4f）。

图 15-4 昆虫翅的类型

a. 鞘翅；b. 半鞘翅；c. 鳞翅；d. 缨翅；e. 毛翅；f. 平衡棒

5. 昆虫不同类型变态的观察（示范实验）

（1）不完全变态　经过卵期—幼期—成虫期，翅在幼期虫态的体外发育，成虫的特征随幼期虫态的生长发育逐步显现。不完全变态有以下 2 种类型。

① 渐变态（paurometamorphosis）：幼期与成虫期在体形、生境、食性等方面非常相似，称为若虫，如蝗虫、螳螂、蟑螂、蝽象和蝉等昆虫。

② 半变态（hemimetamorphosis）：幼期水生，其体形、呼吸器官、取食器官、行动器官及行为等与成虫有明显的分化，称为稚虫，如蜻蜓、石蝇等昆虫。

（2）完全变态（holometamorphosis）　经过卵期—幼期—蛹期—成虫期，幼虫在外部形态、内部器官和生活习性上均与成虫不相同，如鞘翅目、鳞翅目、膜翅目、双翅目等昆虫。

6. 昆虫纲（广义）分目检索

昆虫检索表的使用方法如下：在检索表中列有 1、2、3……，每一数字后都列有 2 条对立的特征描述，对要鉴定的昆虫，从第 1 条查起，2 条对立特征哪条与所鉴定的昆虫一致，就按该条后面所列的数字继续查下去，直到查出"目"为止。例如，若被鉴定的昆虫符合第 1 条中"口器外口式"1 条，此条后面列出的数字是"4"，即再查第 4 条；在第 4 条中"有翅"与所鉴定的标本符合，就再按后面列出的数字"6"查下去；直至查到后面指出"×× 目"的名称为止。

▶ 视频 15-1 昆虫的分类

成虫分目检索表

1 口器内口式，下颚须和下唇须高度退化；复眼退化或消失 ················ 内颚纲（Entognatha）2

口器外口式，下颚须和下唇须发达；复眼发达 ················ 昆虫纲（狭义）（Insecta）4

2 无触角；腹部 12 节，前 3 节有附肢，无尾须 ················ 原尾目（Protura）

有触角；腹部最多 11 节 ························· 3

3 腹部 6 节或更少，无尾须，第 1 节有腹管，第 3 节有握弹器，第 4 或 5 节有弹器 ·········

············ 弹尾目（Collembola）

腹部 10 节或 11 节，具 1 对尾须（尾铗），附肢为刺突或泡囊 ·········· 双尾目（Diplura）

4 无翅，腹节上有刺突和泡囊 ················ 无翅亚纲（Apterygota）5

有翅或翅退化，腹节上无刺突和泡囊 ················ 有翅亚纲（Pterentoma）6

5 体扁平，全被银色鳞片；中尾丝与尾须等长 ················ 缨尾目（Thysanura）

体背面较拱，活动时背面一曲一伸；中尾丝明显长于两侧尾须 ·········· 石蛃目（Archaeognatha）

6 口器咀嚼式，有成对的上颚；或口器退化 ························· 7

口器非咀嚼式，无上颚；为虹吸式、刺吸式或舐吸式等 ················ 28

7 有尾须 ····························· 8

无尾须（少数有尾须，则头延伸呈喙状） ···················· 19

8 触角刚毛状，翅竖在背上或平展而不能折叠 ···················· 9

触角丝状或念珠状；翅可以向后折叠，或无翅 ················ 10

9 尾须细长而多节（有时还有中尾丝），后翅很小或无后翅，无翅痣 ········ 蜉蝣目（Ephemeroptera）

尾须粗短不分节；前后翅相似或后翅更宽，有翅痣 ················ 蜻蜓目（Odonata）

10 后足为跳跃足，或前足为开掘足 ················ 直翅目（Orthoptera）

后足非跳跃足，前足非开掘足 ···················· 11

11 跗节 5 节或 4 节 ···························· 12

跗节最多 3 节 ····························· 16

12 触角丝状或栉状等，而不呈念珠状；前翅革质，后翅膜质，或无翅 ················ 13

触角念珠状，前、后翅相似，均为膜质，或无翅 …………………………………… 等翅目（Isoptera）

13 前胸背板大，向前扩展盖住头部的大部分；各足均为细长的步行足，其上生有许多刺 ……………

　……………………………………………………………………………………… 蜚蠊目（Blattodea）

　　前胸背板不向前扩展盖住头部 ……………………………………………………………………… 14

14 前胸比中胸长大或相等 …………………………………………………………………………………… 15

　　前胸比中胸短小，体细长如枝或宽扁似叶 ……………………………………… 竹节虫目（Phasmida）

15 前足为捕捉足；有翅 ………………………………………………………………… 螳螂目（Mantodea）

　　前足为非捕捉足；无翅 ………………………………………………… 螳䗛目（Mantophasmatodea）

16 跗节 3 节 …………………………………………………………………………………………………… 17

　　跗节 2 节，尾须不分节；触角 9 节 …………………………………………………… 缺翅目（Zoraptera）

17 前足基跗节极膨大，有丝腺能纺丝；前后翅相似（雄），或无翅（雌）………… 纺足目（Embioptera）

　　前足正常，不能纺丝；如有翅，则后翅比前翅宽 …………………………………………………… 18

18 尾须坚硬呈铗状；前翅短小，革质，后翅膜质如折扇 …………………………… 革翅目（Dermaptera）

　　尾须不呈铗状；前翅狭长，后翅臀区扩大，翅均为膜质 ………………………… 襀翅目（Plecoptera）

19 跗节最多 3 节 ……………………………………………………………………………………………… 20

　　跗节最多 4 节或 5 节；如果 3 节以下，则无爪；或前翅角质 ………………………………………… 21

20 跗节 2 节或 3 节；触角细长而多节；有翅或无翅 …………………………………… 啮虫目（Psocoptera）

　　跗节 1 节或 2 节；触角短小，最多 5 节；无翅；外寄生于鸟兽 ………………… 食毛目（Mallophaga）

21 前翅特化为平衡棒，后翅很大；雌虫无翅，无足，内寄生于昆虫腹部 ………… 捻翅目（Strepsiptera）

　　前翅不特化为平衡棒 ……………………………………………………………………………………… 22

22 前翅角质，和身体一样坚硬如甲 …………………………………………………… 鞘翅目（Coleoptera）

　　前后翅均为膜质，或无翅 ………………………………………………………………………………… 23

23 腹部第 1 节并入胸部；后翅前缘有 1 列小钩，或无翅 …………………………… 膜翅目（Hymenoptera）

　　腹部第 1 节不并入胸部；后翅无小钩 …………………………………………………………………… 24

24 头部向下延伸呈喙状；有短小的尾须（雌虫分为 2 节）……………………………… 长翅目（Mecoptera）

　　头部不延伸呈喙状 ………………………………………………………………………………………… 25

25 前胸很小；足胫节上有很大的中距和端距；翅面上密生明显的毛 ……………… 毛翅目（Trichoptera）

　　前胸发达；足胫节上无中距，端距较小或呈爪状；翅面上无毛或仅有微毛 …………………………… 26

26 后翅臀区发达，可以折叠 …………………………………………………………… 广翅目（Megaloptera）

　　后翅臀区很小，不能折叠 ………………………………………………………………………………… 27

27 头基部不延长，前胸如延长，则前足特化；雌虫无产卵器（个别有细长产卵器则弯在背上）………
　………………………………………………………………………… 脉翅目（Neuroptera）

　头基部和前胸均延长，前足不特化；雌虫有针状产卵器 ……………… 蛇蛉目（Raphidioptera）

28 口器为虹吸式；翅膜质，覆有鳞片 ………………………………………… 鳞翅目（Lepidoptera）

　口器非虹吸式；翅上无鳞片 ………………………………………………………………… 29

29 跗节 5 节 ……………………………………………………………………………………… 30

　跗节最多 3 节，或足退化，甚至无足 ………………………………………………………… 31

30 前翅膜质，后翅特化为平衡棒；少数无翅，但体不侧扁 ……………………… 双翅目（Diptera）

　无翅；体侧扁；足很发达，善跳 ……………………………………………… 蚤目（Siphonaptera）

31 口器位于头的前端，可以缩入头内；足为攀缘足；无翅；外寄生于哺乳动物 … 虱目（Phthiraptera）

　口器位于头的下面，不能缩入头内；足非攀缘足 …………………………………………… 32

32 口器常不对称；足端部有泡；无翅或有翅，翅缘有缨毛 …………………… 缨翅目（Thysanoptera）

　口器对称；足端部无泡；翅缘无缨毛，或无翅 ………………………………… 半翅目（Hemiptera）

作业

1. 列表描述实验中昆虫的主要特征，包括标本编号，以及口器、触角、足、翅等的主要
　特征。

2. 利用检索表鉴定实验中所给昆虫的目，并查出检索路径。

拓展阅读

蔡邦华，蔡晓明，黄复生 . 昆虫分类学 [M]. 北京：化学工业出版社，2017.

彩万志，庞雄飞，花保祯，等 . 普通昆虫学 [M]. 2 版 . 北京：中国农业大学出版社，2011.

袁锋，张雅林，冯纪年，等 . 昆虫分类学 [M]. 2 版 . 北京：中国农业出版社，2006.

郑乐怡，归鸿 . 昆虫分类（上、下）[M]. 南京：南京师范大学出版社，1999.

实验 16　海盘车及其他棘皮动物

实验目的　　　◎ 掌握海盘车的解剖方法

◎ 认识海盘车的结构和机能，掌握棘皮动物门的主要特征

◎ 了解棘皮动物门各纲的代表种类

实验内容　　　◎ 海盘车的外部形态观察

◎ 海盘车的内部器官解剖

◎ 海百合、海燕、海蛇尾、海胆、刺参的示范观察

实验材料与用品　◎ 海盘车、海百合、海燕、海蛇尾、海胆、刺参浸制标本

◎ 普通光学显微镜、解剖镜、放大镜、解剖盘、解剖器、牙刷等

◎ 20 g/L 氢氧化钾溶液、30 g/L 过氧化氢溶液

实验提示　　　◎ 解剖海盘车前，注意先寻找筛板所在的位置，避免解剖过程中破坏其
下的石管

◎ 海盘车为五辐射对称的动物，各腕结构基本相同，限于实验时间，解
剖的时候剪开 2~3 条腕和中央盘即可

实验操作与观察

1. 海盘车外部形态观察

海盘车呈五辐射对称，体中央为中央盘，中央盘发出 5 条放射状排列的腕，腕基部宽大，末端较窄，中央盘和腕之间的界线不明显。身体分为口面和反口面，反口面略拱，口面平坦，体表粗糙（图 16-1）。口面中央为口，周围有围口膜。反口面中央有 1 个很小开口为肛门。

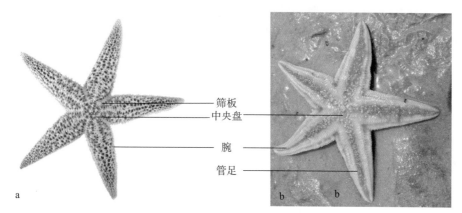

图 16-1 海盘车的外形
a. 反口面；b. 口面

体表有许多突起，用解剖针轻压这些突起，这些突起可以分为两类：一类为柔软的泡状突起，为皮鳃，是由体壁上皮和体腔膜外突形成；另一类为坚硬的突起，为棘或叉棘。放大镜下观察棘呈锥状，叉棘呈钳状。剪下一叉棘，置于解剖镜下观察，叉棘由基部的1 个基片和 2 个组合成钳状的颚片等 3 个骨片形成（图 16-2），颚片能活动。

[?] 叉棘的功能是什么？

反口面中央盘边缘，两腕基部之间，有一黄白色或褐色的扁平结构，为筛板。用牙刷清理筛板表面后，置于解剖镜下观察，可见筛板表面有许多细沟，沟内有许多小孔（见图 16-1，图 16-3）。

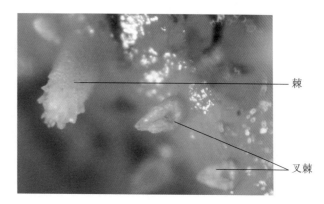

图 16-2 海盘车的棘和叉棘

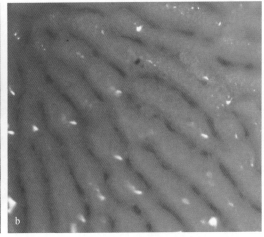

图 16-3 海盘车的筛板（a）及局部放大（b）

口面各条腕的中央各有一凹陷，为步带沟。步带沟内有 4 列半透明的小盲管，为管足（图 16-4）。管足末端为吸盘。

2. 海盘车内部器官解剖

用剪刀从侧面剪开 2~3 条腕和中央盘，移去这些腕反口面的体壁（注意保留肛门、筛板），可见体壁与内脏间为体腔，幽门盲囊和生殖腺充满体腔。

（1）消化器官（图 16-5） 口后接一狭短的食管，食管之后为囊状的贲门胃。贲门胃后的膨大器官为幽门胃。幽门胃向各腕分别发出 1 对具有很多分支的盲囊，称幽门盲囊。幽门胃之后、伸至肛门的 1 条短管为直肠。直肠旁的 1 对有分支的褐色或黄色盲管为直肠盲囊。

? 幽门盲囊的作用是什么?

（2）水管系 筛板下方的 1 支"S"字形石灰质小管为石管。与石管下端相连、口周围的 1 圈膜质小管为环水管。由环水管沿

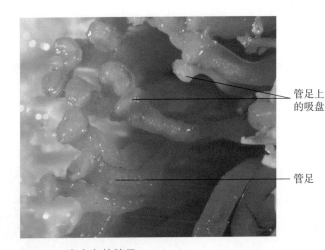

管足上的吸盘

管足

图 16-4 海盘车的管足

图 16-5 海盘车的消化器官

腕
幽门盲囊
肛门
直肠盲囊
幽门胃
贲门胃
管足

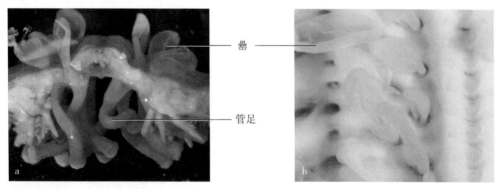

罍

管足

图 16-6 海盘车的管足和罍

a. 腕横切面观； b. 腕内部观

各条腕的腹面中央所发出的 1 条膜质细管为辐水管，每条辐水管向两侧发出许多长短相间的膜质细管为侧水管。侧水管末端各连接 1 个与身体纵轴平行的小管，小管在体腔内的球状部分称为罍，伸至步带沟中的管状部分为管足（图 16-6）。

❓ 水管系有什么功能？

（3）生殖器官 用镊子将幽门盲囊推向一侧，可见每条腕内有 1 对生殖腺（非生殖季节的生殖腺很小）（图 16-7，图 16-8）。每个生殖腺近中央盘的一端有一较短的生殖导管，生殖导管末端附着在体壁上，附着处体壁外侧的开口即为生殖孔（生殖孔一般不明显）。

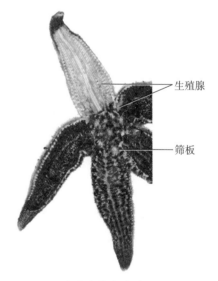

生殖腺

筛板

图 16-7 海盘车的生殖腺

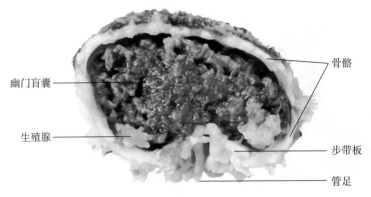

幽门盲囊

生殖腺

骨骼

步带板

管足

图 16-8 海盘车腕的横切面

（4）骨骼　体壁之下为许多小骨片联成的网状结构，从 1 条腕的中央做一个腕的横切面，清理干净断面，仔细观察腕上的骨板：位于口面中央的 2 列骨板为步带板（图 16-8），左、右步带板成"∧"形排列，中间的凹陷为步带沟，管足从步带板之间的空隙穿过，步带板两侧各有 1 列侧步带板（侧步带板上有一细长的棘）、1 列下缘板、1 列上缘板、3 列背侧骨板，在腕的背中央为 1 列龙骨板。

3. 示范实验

（1）海百合（*Metacrinus*）　属海百合纲，口与肛门均在口面。口面向上，反口面有一柄，借以固着生活，无筛板，腕羽状分支。体表无棘与叉棘。

（2）海燕（*Asterina*）　属海星纲，体五角形，腕与中央盘之间的界线不明显。反口面隆起，口面平坦。筛板大而圆形。生活时体色艳丽，口面为橘黄色，反口面色彩变化很大。

（3）海蛇尾（*Ophiura*）　属蛇尾纲，中央盘圆形，腕细长，中央盘与腕之间的界线明显，腕上骨板只能做水平的弯曲运动。

（4）海胆（*Echinocardium*）　属海胆纲，体半球形，骨板规律地连接成外壳，壳上有发达的棘。

图 16-9 海燕（a）及其筛板（b）

反口面有肛门和筛板，口位于口面正中。管足由壳上小孔伸出，管足具吸盘。

（5）刺参（*Morina*） 属海参纲，体延长成蠕虫状或长筒形，前端有口，后端有肛门，体表无棘，骨片退化，体壁多肌肉。

4. 选做小实验——海盘车骨骼标本制作

海盘车中胚层发育来的内骨骼成网状，整齐地排列在海盘车的皮肤之下。取一完整的海盘车，用镊子伸入口，将 5 条腕和中央盘内的内脏器官撕掉。剪下的海盘车连同剪下的腕置于 20 g/L 氢氧化钾溶液中煮沸 1～2 min，取出后用清水冲洗，再用镊子尽量将体表和内部器官处理干净。如发现还有组织难以清理干净，可以继续置于 20 g/L 氢氧化钾溶液中重复短时间煮沸—清水冲洗—镊子撕取的操作。骨骼间隙不容易剔除的肌肉，可以用牙刷刷洗，直到清除干净为止。然后放入 30 g/L 过氧化氢溶液中浸泡数小时，直到骨骼变为白色为止。观察各骨板。

作业

1. 绘制海盘车的消化系统。

2. 海盘车的体型属何种对称方式？

3. 棘皮动物的形态结构有何特殊之处？

拓展阅读

黄正一，蒋正揆 . 动物学实验方法 [M]. 上海：上海科学技术出版社，1984.

李淑芸，张秀梅，聂猛，等 . 不同温度下多棘海盘车对菲律宾蛤仔的摄食选择性研究 [J]. 水产学报，2014，38（7），981-991.

徐思嘉 . 中国海域海盘车科系统分类学研究 [D]. 青岛：中国海洋大学，2015.

张秀梅，李淑芸，刘佳，等 . 青岛近海多棘海盘车繁殖生物学的初步研究 [J]. 中国海洋大学学报：自然科学版，2014（11）：16-24.

实验 17　文昌鱼及其他脊索动物

实验目的　　　○ 了解文昌鱼、柄海鞘和七鳃鳗的结构和功能
　　　　　　　　　○ 掌握脊索动物门的主要特征和各亚门的区别

实验内容　　　○ 文昌鱼整体装片和切片观察
　　　　　　　　　○ 柄海鞘成体和幼体、七鳃鳗的示范观察

实验材料与用品　○ 文昌鱼、柄海鞘和七鳃鳗的浸制标本，文昌鱼的整体染色装片和过咽部横切片，柄海鞘幼体装片，七鳃鳗正中矢状切面标本
　　　　　　　　　○ 解剖器、解剖盘、放大镜、解剖镜、普通光学显微镜、培养皿

实验提示　　　○ 文昌鱼整体装片较厚，宜在低倍镜下观察，不宜使用高倍镜观察
　　　　　　　　　○ 观察过程中注意结合围鳃腔的形成过程，理解体腔、围鳃腔、咽等结构及其关系

实验操作与观察

1. 文昌鱼整体装片观察

（1）外形和结构　取文昌鱼整体装片观察：文昌鱼身体呈梭状，前端略钝，后端较尖。身体半透明，左右侧扁。

将装片置于低倍镜下，通过调节显微镜光阑和亮度，可见文昌鱼身体两侧呈"＜"形排列的肌节，尾部肌节更明显，相邻肌节间有薄层结缔组织将肌节分隔，为肌隔（图 17-1）。

文昌鱼身体背部中央有一纵贯全身的背鳍，其内有一列短棒状的背鳍条。身体后端背腹两侧有尾鳍，身体的腹侧、尾鳍前为肛前鳍，肛前鳍也可见明显的鳍条。尾鳍与肛前鳍交界处偏身体左侧有一开孔，为肛门。在肛前鳍之前有一孔，为腹孔（也称围鳃腔孔）（图 17-1）。

文昌鱼背鳍条下方为背神经管，背神经管内有一列黑色小点，为脑眼，有感光作用。背神经管最前端有一黑色素点，为眼点。神经管下方为脊索，脊索两端稍尖，比背神经管宽，纵贯全身，并突出于神经管之前，故名头索动物。

（2）消化和呼吸器官　文昌鱼脊索腹面为消化道。在身体前端腹面，有一由薄膜围成的漏斗状结构，为口笠。口笠边缘有许多丝状突起的触须。口笠的内腔称为前庭，内壁上有数条的指状突起，称轮器（需要仔细调节光阑和细调焦旋钮才能看清这一结构）。前庭后壁为一环形膜，称缘膜，缘膜中央的孔为文昌鱼的口，口周围有许多短的突起，为缘膜触手。由于口与文昌鱼身体纵轴垂直，角度原因，装片只能看到部分缘膜触手（图 17-2），

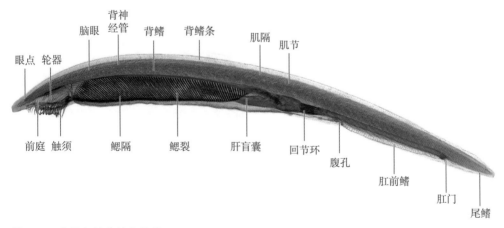

图 17-1　文昌鱼幼体整体装片

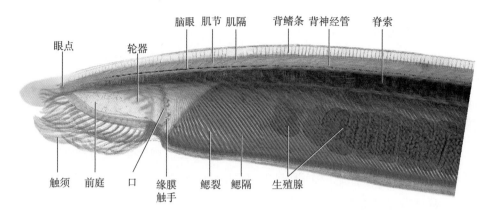

图 17-2 文昌鱼成体前部放大

看不到其中央的口。

❓ 以上各结构在文昌鱼的取食过程中分别有什么作用?

文昌鱼口后方为咽,其长度超过体长的 1/3(图 17-1)。咽壁中染色较深、沿背腹方向斜行排列的许多棒状物为鳃隔,两鳃隔之间的空隙为鳃裂(图 17-2)。咽为一囊所包围,所包的空间为围鳃腔。水流带动食物进入咽后,食物留在咽内,水经鳃裂进入围鳃腔,围鳃腔以腹孔通向体外。

咽后接肠,肠前端较粗大,后部渐细,末端以肛门开口于身体左侧。肠管前端向右前方伸出一深色指状结构,为肝盲囊(见图 17-1)。肝盲囊后部的肠管,有一段染色均匀、但颜色很深的区域,称回节环(见图 17-1,图 17-3),该处的肠管内有纤毛,混有黏液和消化液的食物团在此处被剧烈搅拌成螺旋状环,使消化液与食物彻底混匀,更好地进行消化,是消化作用最活跃的部位(注意不要将肠内残留的食物与回节环混淆)。

❓ 肝盲囊有何功能?

(3) 生殖腺 观察性成熟的文昌鱼标本,透过皮肤可见,在其身体两侧、围鳃腔与体壁之间,各有一列方形结构,即生殖腺(图 17-2)。雄性生殖腺呈乳白色,雌性生殖腺呈淡黄色。

❓ 数一数共有多少对生殖腺?

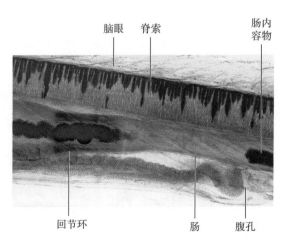

图 17-3 文昌鱼局部放大

2. 文昌鱼过咽部横切面的观察

取过咽部的横切面装片，显微镜下观察（图 17-4）。

（1）皮肤　位于身体最外面，由表皮和真皮组成。表皮位于身体最外层，由单层柱状上皮细胞组成。真皮为表皮之下极薄的 1 层胶状物质。

（2）背鳍和腹褶　背中央的突起部分为背鳍，其下卵圆形的结构为鳍条。腹面两侧各有 1 个突出的褶，为腹褶。

（3）背神经管和脊索　背鳍条腹方结构为背神经管，管中央的孔为神经管腔，腔中常可见黑色的脑眼。文昌鱼的神经管腔并未完全封合，背中线留有裂隙。背神经管腹方、横断面呈卵圆形的结构为脊索，较粗大，其周围有较厚的脊索鞘；脊索鞘向背方延伸包围了神经管。

（4）肌肉　皮肤之下、呈圆形或方形的结构为肌节横断面，肌节被结缔组织形成的肌隔分开。靠近背部的肌节比靠近腹面的肌节粗大。围鳃腔腹面还可见薄层横肌紧贴皮肤。

？ 横肌有何作用？

（5）咽和肝盲囊　脊索下方、由一系列不连续的结构围成的椭圆形腔为咽（常被生殖腺和肝盲囊挤压），咽壁染色深的部分为鳃隔，两鳃隔之间的空隙即鳃裂。咽的背中线

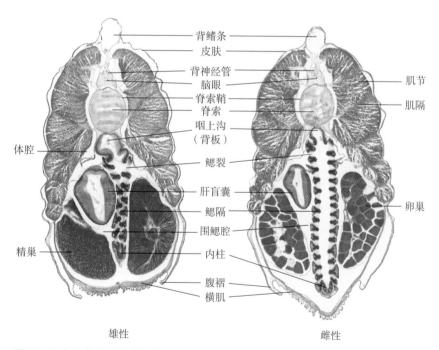

图 17-4 文昌鱼过咽部横切面

和腹中线处各有一凹槽状结构，为背板（咽上沟）和内柱。在咽的右侧常可见一卵圆形的中空结构为肝盲囊，有些装片没有切到肝盲囊。

　　? 背板和内柱在文昌鱼咽内收集和运送食物方面有何作用？

　　（6）围鳃腔　咽部周围的空腔为围鳃腔。体腔已退缩，横切面中可见体腔零散分布于以下几处：脊索下方两侧、围鳃腔背方两侧的不规则空腔；内柱下的空腔；鳃隔外侧的狭小空腔。

　　（7）生殖腺　围鳃腔两侧染色较深的结构为生殖腺，精巢内有许多条形精子，卵巢内有呈块状且细胞核大而明显的卵。

3. 示范实验

　　（1）柄海鞘（*Styela*）成体观察　体呈长椭圆形，外被以坚韧的被囊。基部有一柄，用以附着于其他物体上，另一端有 2 个相距不远的孔：位置较高的一个是入水孔，另一个是出水孔。

　　（2）柄海鞘幼体观察　在显微镜下观察柄海鞘幼体装片标本。幼体形似蝌蚪，体前端有附着突起，后部具侧扁的尾，在半透明的尾部可见一支持结构即脊索，形成尾部的中轴。

　　（3）七鳃鳗（*Petromyzon*）整体浸制标本观察　体呈长圆柱形，似鳗，皮肤光滑无鳞。身体可分头、躯干和尾 3 部分，头与躯干分界不明显，尾侧扁。体后部有 2 个背鳍和 1 个尾鳍。头背面正中央有一鼻孔，眼 1 对，位于头部两则。眼后方有 7 个椭圆形的外鳃孔。在体后部约 1/4 处，即躯干与尾部交界处的腹中线上有一肛门。紧接肛门后方有一小乳头状突起，为泄殖突，泄殖孔开口于此突起上。

　　（4）七鳃鳗正中矢状切面标本观察　头部前端斜向腹面开口的一个大形杯状结构为口漏斗，其边缘有很多乳头状突起，内壁具有褐色的角质齿，基部有一突起，即舌。舌上也有角质齿。舌背方为口，口后为咽，咽分背、腹两管，背管较细，为食管，食管直接通入肠管。腹管较粗，为呼吸管，管末端为盲端，管壁左、右两侧各有 7 个内鳃孔。每一内鳃孔通一鳃囊，每一鳃囊经外鳃孔与外界相通。用解剖针分别从外鳃孔和内鳃孔探入鳃囊，可触到囊壁。消化管背方一较粗的褐色棒状物即脊索，其断面呈圆形，周围有脊索鞘；脊索鞘向上包围脊索背方的神经管。神经管前端膨大的脑位于脊索前端的背方，脑后方为脊髓。

4. 选做小实验——文昌鱼生殖细胞观察

取成熟文昌鱼浸制标本，解剖镜下观察生殖腺的颜色。生殖腺白色的为雄性，淡黄色的为雌性。取雌、雄文昌鱼各一条，分别放于一小培养皿中，加少许水，用解剖刀划破生殖腺，可见从切口处流出许多白色（或黄色）的生殖细胞，用滴管取 1 滴液体，制成涂片，显微镜下观察精子和卵的形态。

作业

1. 绘制文昌鱼过咽部的横切面图，注明各结构的名称。

2. 试述脊索动物与无脊椎动物的主要区别。

3. 通过观察说明头索动物亚门、尾索动物亚门和圆口纲有哪些共同特征及不同点。

4. 文昌鱼是如何完成摄食和消化的？

拓展阅读

方永强. 文昌鱼生殖神经内分泌生理学论文集 [M]. 北京：海洋出版社，1999.

李红岩，张士璀. 文昌鱼肝盲囊与脊椎动物肝脏起源 [J]. 遗传，2010（5）：437-442.

王义权，方少华. 文昌鱼分类学研究及展望 [J]. 动物学研究，2005，26（6）：666-672.

袁伟，王俊，林群，等. 青岛胶州湾口海域秋季文昌鱼的分布及栖息环境的特征 [J]. 生物多样性，2011，19（4）：470-475.

张士璀，郭斌，梁宇君. 我国文昌鱼研究 50 年 [J]. 生命科学，2008，20（1）：64-68.

THOMSON R G. The laboratory outlines in zoology [M]. San Francisco: W. H. Freeman & Company, 1978.

实验 18 鲤鱼骨骼观察

实验目的
- ○ 掌握硬骨鱼类骨骼的基本结构和主要组成部分
- ○ 理解硬骨鱼类骨骼对于水生生活的适应性特征

实验内容
- ○ 鲤鱼骨骼系统的观察

实验材料与用品
- ○ 鲤鱼整体和分散骨骼标本

实验提示
- ○ 观察骨骼标本的时候，不要用笔指着骨骼观看，避免在骨骼上留下痕迹
- ○ 观察完的骨骼标本一定要放入盛放标本的盒内，避免损坏
- ○ 同一套骨骼标本应放入同一盒内

实验操作与观察

取鲤鱼整体（图 18-1）和分散的骨骼标本，依次观察头骨、脊柱和附肢骨骼。

1. 中轴骨骼

包括头骨（脑颅和咽颅）、椎骨（躯干椎和尾椎）及肋骨。

（1）头骨　头骨的前端背方有一凹陷的鼻腔，两侧中央有眼眶。骨片数目很多，分为脑颅和咽颅两部分。先从背面由前向后观察（图 18-2），再从侧面由前向后观察（图 18-3），最后观察头骨腹面（图 18-4）和后面（图 18-5）。

① 脑颅　包围脑、鼻、眼、耳等区域。

筛骨区　位于脑颅的最前端，环绕着鼻囊的区域。骨片主要包括中筛骨 1 块（位于前端中央，略呈三角形，尖端向前）、前筛骨 1 块（位于中筛骨前面，呈棒状）、外筛骨 1 对（位于中筛骨后外侧，呈不规则三角形，尖端向后外侧突出）。

额顶区（图 18-2）：额骨 1 对，接于中筛骨之后，略成长方形，外缘在眼眶后背方凸出；额骨前角外侧有细小的鼻骨 1 对；顶骨 1 对，接于额骨之后。

枕骨区（图 18-2 至图 18-4）：是脑颅的最后部分，由 4 块骨片组成，包括位于脑颅背面后端中央的 1 块上枕骨，其背中央伸出较高的棘状突；在上枕骨的腹外侧，枕骨大孔的两侧各有 1 对外枕骨，构成脑颅的后壁；每块外枕骨的内侧有 1 个竖椭圆形的枕骨孔。脑颅腹面后端中央有 1 块基枕骨，基枕骨后面有一圆形的凹面与第 1 脊椎的椎体相

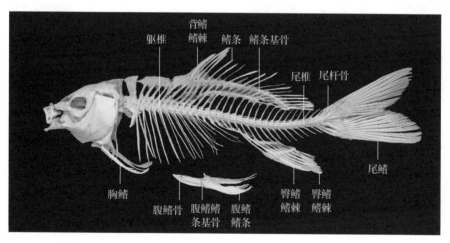

图 18-1　鲤鱼整体骨骼

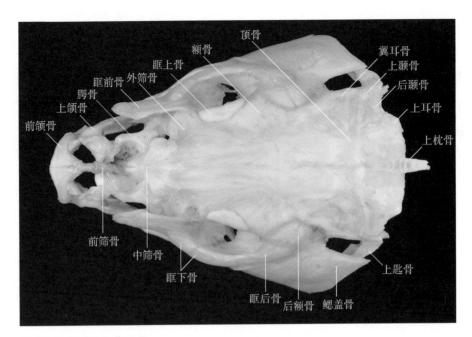

图 18-2　鲤鱼头骨背面观

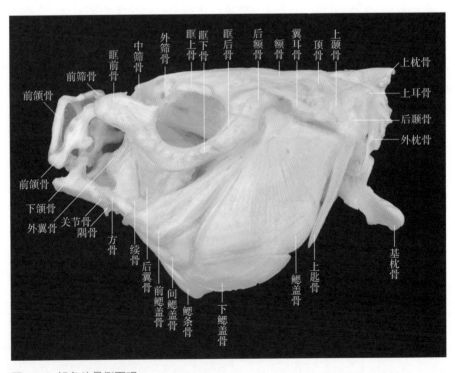

图 18-3　鲤鱼头骨侧面观

接；这个凹面的腹方是背大动脉的通孔；基枕骨的腹面有近似盾状的凹面，与角质垫紧贴，对应咽齿研磨食物；基枕骨向后凸出基枕骨突，伸入脊椎前端腹方。基枕骨与外枕骨共同围成枕骨大孔，脑和脊髓由此连接。

蝶骨区（图 18-4）：位于脑颅的两侧，紧接在筛骨区之后，构成眼眶的内壁。紧接外筛骨之后为眶蝶骨，两侧眶蝶骨的腹缘在腹中线愈合。眶蝶骨之后为 1 对翼蝶骨。

围眶骨系（见图 18-3）：围绕眼眶外侧面，每侧 6 块，包括位于眼眶上缘的 1 块新月形的眶上骨，位于眼眶前缘、最大的 1 块眶前骨（也称为泪骨），位于眼眶下缘、较狭长的 2 块眶下骨，位于眼眶后缘、较短宽的 1 块眶后骨，以及位于眶后骨背方、近似方形的 1 块后额骨。

耳骨区（图 18-4，图 18-5）：位于脑颅的两侧，紧接在蝶骨区之后，围绕耳囊四周，包括蝶耳骨 1 对（位于额骨后外侧）、前耳骨 1 对（位于蝶耳骨内侧，左、右前耳骨腹缘在中线相接）、翼耳骨 1 对（位于顶骨两侧，外侧缘有感觉管通孔）、上耳骨 1 对（为位于顶骨后方、上枕骨外侧的斗笠状小骨）。在翼耳骨外侧后端和上耳骨之间，前后覆盖着小的上颞骨（也称鳞骨）和略大的后颞骨各 1 块。

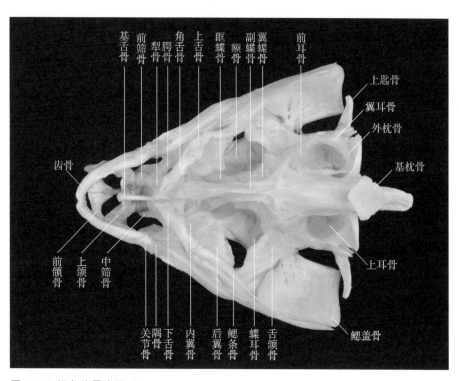

图 18-4 鲤鱼头骨腹面观

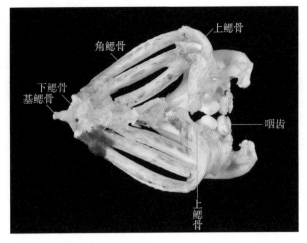
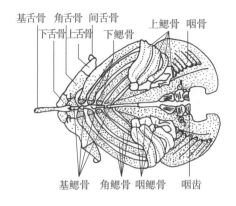

图 18-5 鲤鱼舌弓和鳃弓

脑颅腹面（图 18-4）：由前向后有犁骨 1 块，贴在中筛骨腹面，略成"Y"字形，尖端向后；犁骨前端两侧有近方形的前筛骨 1 对；副蝶骨 1 块，为细长骨片，前接犁骨，后接基枕骨，构成脑颅底壁。

② 咽颅 位于脑颅腹方，环绕消化管的最前端，包括颌弓、舌弓、鳃弓及鳃盖骨系。

颌弓（图 18-3，图 18-4）：构成上、下颌的骨片。上颌由前颌骨、上颌骨、腭骨、翼骨组和方骨构成：最前方为 1 对细长弯曲的前颌骨，构成口的背缘；前颌骨后外侧为 1 对上颌骨；上颌骨向后，在中筛骨前端外侧和泪骨内侧之间，有 1 对棒状的腭骨，腭骨前端连接上颌骨，后端连接内翼骨；内翼骨近似背腹扁平，前外侧连接窄小的外翼骨，后外侧连接宽阔的后翼骨；外翼骨和后翼骨之间夹着近似三角形的方骨，方骨腹缘前端有 1 个关节突，后端凸出。下颌由齿骨、关节骨和隅骨构成：最前端为 1 对齿骨，构成口的腹缘，背缘有 1 个突起与上颌骨连接；关节骨贴在齿骨后方内侧，后端有 1 个凹面，与方骨前端的突出相关节；隅骨小，紧贴在关节骨后端的腹面。

? 上颌与下颌是怎样连接的?

舌弓（图 18-4，图 18-5）：位于颌弓之后。靠背方是 1 对长刀状的舌颌骨，其外侧面被围眶骨和鳃盖骨遮住，背缘宽，与脑颅的蝶耳骨和翼耳骨相接，后缘有 1 个球状突起，舌颌骨向腹方变窄，腹端向前连接 1 块狭小的续骨，续骨向前连接后翼骨和方骨；舌颌骨的腹端还连着 1 块颗粒状的间舌骨；间舌骨嵌在 1 块三角形的上舌骨的后背端；上舌骨前缘连接 1 块长方形的角舌骨；每侧角舌骨的前端连接 2 块下舌骨，2 对下舌骨在腹中线相接，向前连接 1 块细棒状的基舌骨，向后连接 1 块三角形的尾舌骨，尾舌骨背面有片状突起。

? 颌弓、舌弓是怎样与脑颅连接的?

鳃弓（图 18-5）：支持鳃的骨片。鲤鱼具 5 对鳃弓。第 1 鳃弓从背到腹依次由成对的咽鳃骨、上鳃骨、角鳃骨、下鳃骨和腹中线的基鳃骨构成。鲤鱼的第 5 鳃弓特化为咽骨，其内缘有 3 列咽齿，齿式为 $1 \cdot 1 \cdot 3/3 \cdot 1 \cdot 1$，即最内侧一列有 3 枚齿，中间 1 列和最外侧 1 列各有 1 枚齿。

鳃盖骨系（见图 18-3）：位于头骨后部两侧，每侧由 4 块鳃盖骨和 3 块鳃条骨组成。前鳃盖骨新月形，紧接围眶骨之后；向后为宽大的鳃盖骨，其前缘的凹面与舌颌骨后缘的球状突起关节；鳃盖骨腹缘盖住下鳃盖骨；下鳃盖骨向前、夹在前鳃盖骨和鳃盖骨之间的是间鳃盖骨；鳃条骨位于间鳃盖骨和下鳃盖骨腹方，前端连接上舌骨和角舌骨，后端贴在下鳃盖骨内侧。

（2）脊柱和肋骨　脊柱由一系列脊椎骨组成，分躯椎和尾椎两部分（见图 18-1）。

① 躯椎（图 18-6）　第 1~4 躯椎特化。第 1 躯椎的椎体横突短小，无椎弓、椎棘；

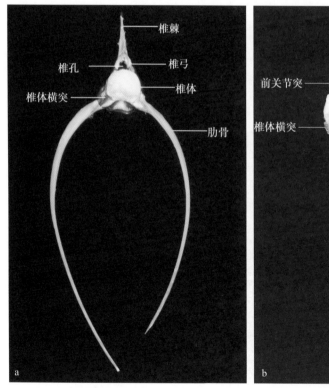
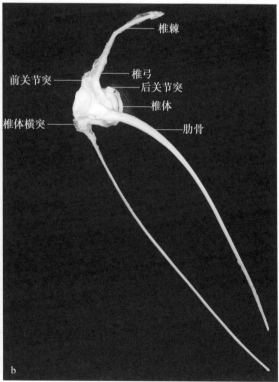

图 18-6 鲤鱼的躯椎和肋骨

a. 前面；b. 侧面

第 2、3 躯椎的椎体愈合，第 2 躯椎的椎体横突较为发达，向两侧平伸，椎弓、椎棘不发达；第 3 躯椎无椎体横突，两侧为鲤科鱼类特有的韦伯氏器，其中尖端向腹后方弯曲的三脚骨最显著；第 3 躯椎的椎弓发达，椎棘高，前后扩展为片状；第 4 躯椎的椎棘细而短，椎体横突特别发达，向腹前方弯曲。

取第 5 躯椎以后的 1 枚椎骨观察躯椎的典型结构，由下列几部分组成。

椎体：椎骨中央部分，其前、后面凹入，称双凹型椎体。

椎弓：椎体背面呈弓形的部分，左右相接。

椎棘：椎弓背中央向后斜的突起。

椎体横突：椎体两侧的突起。

关节突：椎弓基部前方有 1 对尖形小突起，称前关节突；椎弓后方也有 1 对突起，称后关节突。相邻两椎骨的前、后关节突相关节。

椎孔：椎体与椎弓间的孔，供脊髓穿过。

肋骨：从第 5 ~ 20 躯椎有长条形的肋骨，每一肋骨背端与该躯椎横突相关节，腹端游离。

⑦ 肋骨有何作用？

② 尾椎　尾椎除了具有椎体、椎弓、椎棘、关节突外，椎体横突向腹面突出，左、右合成脉弓，脉弓中间的孔内有尾动脉、尾静脉穿过，脉弓的腹中央有 1 条延伸向后斜的脉棘（图 18-7）。最后 1 枚尾椎骨向后背方伸出片状的尾杆骨。尾杆骨腹方的 5 ~ 6 枚

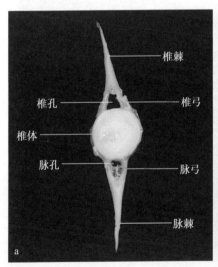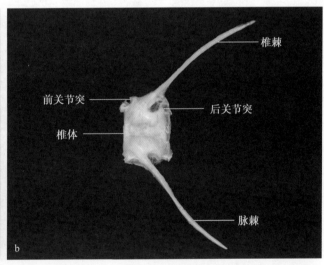

图 18-7　鲤鱼的尾椎

a. 前面；b. 侧面

长形片状骨为尾下骨，尾杆骨和尾下骨末端连接尾鳍条。

2. 附肢骨骼

包括带骨和鳍骨。

（1）肩带和胸鳍（图 18-8）

肩带：上匙骨 1 块，为位于肩带背端的狭长棒状骨，肩带通过上匙骨与头骨的后颞骨相连；匙骨 1 块，位于鳃盖骨后内侧、上匙骨外侧，大的弓形骨片，向前方和背方延伸；后匙骨 1 块，背端贴在匙骨后内侧，为呈"S"字形的细长棒状骨，向腹内侧延伸；乌喙骨 1 块，位于匙骨腹前方内侧，与匙骨之间有 1 孔，供肌肉穿过；肩胛骨 1 块，为位于乌喙骨和匙骨之间的环形小骨；中乌喙骨 1 块，为跨在匙骨、肩胛骨和乌喙骨之间的马鞍形小骨。

胸鳍：4 块短而扁的鳍条基骨连成 1 排，但未愈合，前端与乌喙骨、肩胛骨相连，后端与胸鳍条相连。最外侧 1 根鳍条不分支，其余内侧的鳍条都分支。

（2）腰带和腹鳍（见图 18-1）

腰带：由 1 对腹鳍骨构成，前端分叉，左、右腹鳍骨的后内侧在腹中线相接。

腹鳍：仅有 1 块细小的鳍条基骨接于腹鳍骨后缘外侧。腹鳍骨直接和鳍条连接。最外侧 1 根鳍条不分支，其余内侧的鳍条都分支。

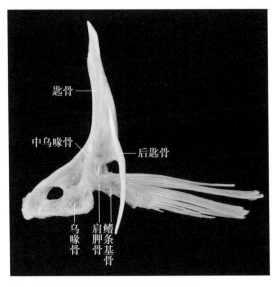
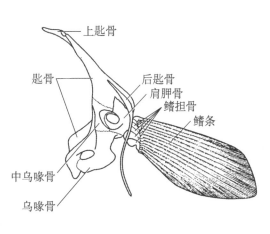

图 18-8 鲤鱼的肩带（部分）和胸鳍

（3）奇鳍骨（见图 18–1）

背鳍和臀鳍的鳍条中，前 3 枚不分支鳍条形成硬的鳍棘，前 2 棘短小，第 1 棘尤小，第 3 棘特别强大，后缘有锯齿。鳍棘之后的鳍条均分支。每一鳍条有 1 个鳍条基骨支持，鳍条基骨基部扩展成侧扁的楔形骨片，插入脊柱的椎棘之间（背鳍）或脉棘之间（臀鳍）。尾鳍的尾杆骨及其前 2 个尾椎的椎棘和脉棘变成扁宽的支鳍骨，直接连接尾鳍条。

作业

1. 鱼类骨骼的哪些特征与适应水生生活相关？

2. 详细绘制鲤鱼的躯椎和尾椎各 1 枚，并注明各部位名称。

拓展阅读

秉志. 鲤鱼解剖 [M]. 北京：科学出版社，1960.

KARDONG K V. Vertebrates: comparative anatomy, function, evolution [M]. 6th ed. New Nork: McGraw-Hill, 2012.

实验 19 鲤鱼的外形观察和内部解剖

实验目的　　　◎ 了解硬骨鱼类的主要特征及鱼类适应于水生生活的形态结构特征

　　　　　　　　◎ 学习硬骨鱼内部解剖的基本操作方法

实验内容　　　◎ 鲤鱼的外形观察，内部解剖与观察

　　　　　　　　◎ 鲨鱼头骨的示范观察

实验材料与用品◎ 活鲤鱼（或活鲫鱼）

　　　　　　　　◎ 解剖器、解剖盘、解剖镜、鬃毛、棉花、培养皿

实验提示　　　◎ 可使用鲫鱼代替鲤鱼进行实验。如条件允许，可同时观察。

　　　　　　　　◎ 解剖中一般剪开鲤鱼左侧体壁，解剖过程中符合从前到后的观察习惯

　　　　　　　　◎ 剪开体壁时剪刀尖不要插入太深，插入后剪刀尖应向上翘，以免损伤
　　　　　　　　　内脏

　　　　　　　　◎ 剪开左侧体壁肌肉过程中，注意用镊子将体腔腹膜与体壁剥离开，特
　　　　　　　　　别注意分离以下部位：胸鳍下方的围心腔、前后鳔室之间的肾，以及
　　　　　　　　　紧靠头后部的头肾

　　　　　　　　◎ 从腹中线偏左剪开并移去体壁，保留腹中线左侧的部分体壁，可避免
　　　　　　　　　移去体壁后内脏器官从腹腔滑出

实验操作与观察

1. 外形观察

鲤鱼（或鲫鱼）体呈纺锤形，侧扁，背部灰黑色，腹部灰白色。身体可分为头、躯干和尾 3 部分（图 19–1）。

（1）头部　自吻端（最前端）至鳃盖骨后缘为头部。口位于头部前端（口端位），口两侧各有 2 条须（鲫鱼无须）。吻背面有鼻孔 1 对（鼻孔未通向口腔）。眼 1 对，位于头部两侧，大而圆。眼后头部两侧为宽扁的鳃盖，鳃盖后缘有膜状的鳃盖膜，覆盖鳃孔。鳃盖可以活动，使鳃孔开、闭。

（2）躯干部和尾部　自鳃盖后缘至肛门为躯干部；自肛门至尾鳍基部最后 1 枚椎骨为尾部。躯干部和尾部体表被以覆瓦状排列的圆鳞，鳞外覆有一薄层表皮，表皮有丰富的单细胞腺体。躯体两侧从鳃盖后缘到尾部，各有 1 列上面具小孔的鳞片，为侧线鳞。

　⑦ 观察并抚摸鱼体表。是否感到黏滑？黏液的作用是什么？侧线鳞有何功能？

体背和腹侧有背鳍 1 个、臀鳍 1 个，由较硬且不分支的鳍棘，以及较软、有分支的鳍条组成；尾鳍末端凹入，分成上下相称的两叶，称正尾型；胸鳍 1 对，位于鳃盖后方左、右两侧；腹鳍 1 对，位于胸鳍之后、肛门之前，属腹鳍腹位。肛门紧靠臀鳍起点基部前方。紧接肛门后有一泄殖孔。

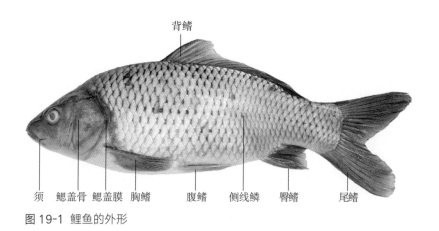

图 19-1 鲤鱼的外形

2. 内部解剖与观察

将新鲜鲤鱼（或鲫鱼）置于解剖盘，使其腹部向上，用剪刀在其肛门前、偏体左侧 0.5～1 cm 处、与体轴垂直方向剪一小口，将剪刀尖插入切口，经两腹鳍之间、偏左侧向前剪开，直至胸鳍下方（注意避免剪破位于胸鳍下方的围心腔）；将鱼侧卧，左侧向上，自肛门前的开口向背方剪至侧线，沿侧线上方剪至鳃盖后缘，换用骨剪剪断鳃盖后缘内侧较粗大的骨骼（即上匙骨）。此处一定要注意仔细分离，避免剪破头肾出血过多。然后，沿鳃盖后缘剪至胸鳍下方，去除左侧胸鳍和左侧体壁肌肉，暴露围心腔和内脏。用棉花拭净鱼体的血迹及组织液，置于解剖盘中进行观察。

（1）原位观察（图19-2） 围心腔位于鳃的后下方，通过横膈与腹腔分开。心位于围心腔内。腹腔背方的白色囊状结构为鳔。覆盖在前、后鳔室之间的暗红色组织为肾的主要部分。鳔的腹方是囊状的生殖腺：乳白色的精巢（注意与脂肪区分开，可通往后方的生殖孔或检视内容物进行区分）或黄褐色的卵巢。腹腔腹侧盘曲的管道为肠。在肠管之间有暗红色、散漫状分布的肝胰脏，肠包埋于肝胰脏中。

（2）生殖器官 生殖器官包括生殖腺和生殖导管。

生殖腺：生殖腺外包有极薄的膜。雄性有精巢1对（见图19-2），性成熟时呈纯白色，呈扁长囊状；未性成熟时往往呈淡红色，常左右不匀称。雌性有卵巢1对，性成熟时呈微黄褐色，长囊形，长度近似于整个腹腔，其内可见许多颗粒状的卵；未性成熟时为淡橙黄色，长带状。

生殖导管：生殖导管为生殖腺表面的膜向后延伸形成的短管，即输精管或输卵管。两侧的输精管或输卵管后端合并后通入泄殖窦，泄殖窦以泄殖孔开口于体外。将左侧生殖腺向下移到鱼体腹面的解剖盘中，继续观察其他器官。

（3）鳔 位于消化管背方的银白色弹性囊，一直伸展到腹腔后端，分前、后两室。

图19-2 鲤鱼内脏的原位观察图

分离鳔前室、后室之间腹方的组织，可见由后室前端发出细长、有弹性的鳔管，通入食管背壁（图19-3）

[?] 鳔的功能是什么？

（4）消化器官　消化器官包括口腔、咽、食管、肠和肛门组成的消化管，以及肝、胰和胆囊。此处主要观察食管、肠、肛门和胆囊。用钝头镊移去表面的脂肪，将盘曲的肠管展开，依次观察。

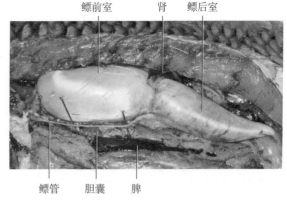

图19-3 鲤鱼的腹腔（移去生殖腺和部分脂肪）

食管：肠最前端接食管，食管短、粗大，其背面有鳔管通入，鳔管通入处为食管和肠的分界点。

肠：肠折叠埋于肝胰脏中，为体长的2~3倍。肠的前2/3为小肠，后部较细的为大肠，最后一部分为直肠，直肠以肛门开口于臀鳍基部前方（注意观察肛门和泄殖孔是2个不同的开口，图19-4）。将镊子或鬃毛轻轻从泄殖孔和肛门插入，可看到它们分别通向膀胱和消化管中。

[?] 鲤鱼肠的长度与其食性有何相关性？

胆囊：为一暗绿色的椭圆形囊，位于肠管前部右侧，大部分埋在肝胰脏内，以胆管通入肠前部。

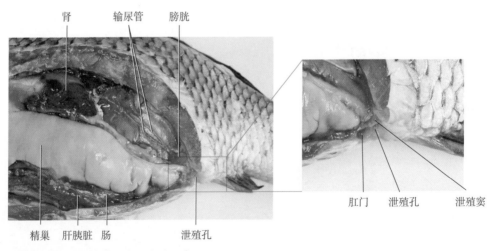

图19-4 鲤鱼的排泄器官和生殖器官

肠、肝胰脏之间包埋着红褐色的脾（见图19-3）。

观察完后面的排泄、循环等器官后，将剪刀伸入口腔，剪开口角，并沿眼后缘将鳃盖剪去，暴露口腔与咽。

口腔：口腔由上、下颌包围合成，颌无齿，口腔背壁由厚的肌肉组成，表面有黏膜，口腔底有1个三角形舌。

咽：口腔之后为咽，两侧各有5对鳃裂。

（5）排泄器官　移去鳔（注意不要破坏鳔前室和鳔后室之间的红褐色组织），观察鳔背面的排泄器官，包括1对肾、1对输尿管和1个膀胱（见图19-4）。

肾：为紧贴于腹腔背壁正中线两侧的红褐色狭长形器官。肾在鳔的前、后室相接处最宽。肾的前端向前侧面扩展，体积增大，称头肾，是拟淋巴腺。

输尿管：左、右肾最宽处各通出一细管，即输尿管，沿腹腔背壁后行，在近末端处两管汇合通入膀胱。

膀胱：两输尿管后端汇合后稍扩大形成的囊即为膀胱，其末端稍细开口于泄殖窦。

（6）循环器官　主要观察心脏、腹大动脉及入鳃动脉。心脏位于两胸鳍之间的围心腔内，由1个心室、1个心房和1个静脉窦组成（图19-5）。

心室：心室位于围心腔中央处，淡红色。其前端有一具白色厚壁、呈圆锥形的动脉球（动脉球为腹大动脉基部膨大，不属于心脏）。

心房：位于心室的背侧，暗红色，薄囊状。

静脉窦：用镊子轻拉围心腔和腹腔之间的隔膜，可见位于心房后端的暗红色、壁薄的

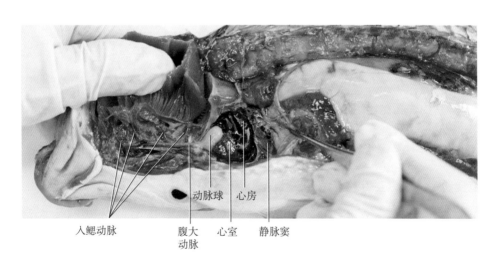

图 19-5 鲤鱼心脏及其发出的动脉

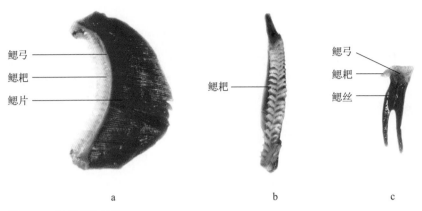

鳃弓
鳃耙
鳃片

鳃耙

鳃弓
鳃耙
鳃丝

a   b   c

图 19-6 鲤鱼鳃的结构

a. 全鳃；b. 鳃耙；c. 鳃丝

静脉窦。

腹大动脉和入鳃动脉：动脉球向前发出 1 条较粗大的血管，为腹大动脉。沿腹大动脉向前剥离，可见每侧有 4 条入鳃动脉分别进入鳃弓，仔细剥离出 4 条入鳃动脉。

（7）鳃　鲤鱼（或鲫鱼）的鳃由鳃弓、鳃耙、鳃片组成，鳃隔退化。

鳃弓：咽两侧的白色弓形结构，共 5 对。第 1～4 对鳃弓外缘并排长有 2 个鳃片，第 5 对鳃弓没有鳃片，特化成咽骨，其内侧着生咽齿。咽齿与咽背面的基枕骨腹面角质垫相对，能压碎食物。

鳃耙：为鳃弓内缘凹面上成行的三角形突起。第 1～4 鳃弓各有 2 行鳃耙，左右互生。第 1 鳃弓的外侧鳃耙较长，第 5 鳃弓只有 1 行鳃耙。

? 鳃耙有何功能?

鳃片：鳃弓上着生的薄片状结构，鲜活时呈红色。每个鳃片称半鳃，长在同一鳃弓上的 2 个半鳃合称全鳃。剪下 1 个全鳃，放在盛有少量水的培养皿内，置于解剖镜下观察，可见每一鳃片由许多鳃丝组成，每一鳃丝两侧又有许多突起状的鳃小片，鳃小片上分布着丰富的毛细血管，是气体交换的场所。横切鳃弓，可见 2 个鳃片之间退化的鳃隔。

3. 示范实验——鲨鱼头骨观察

观察鲨鱼的头骨标本。头骨由软骨构成，分为脑颅和咽颅两部分。脑颅是一完整的软骨囊。从背面观察，脑颅前端基部两侧各有 1 个半球形鼻囊，鼻囊后方脑颅两侧的凹陷为眼眶，眼眶后方高出部分为听囊。吻骨基部背面一较大的孔为囟门，其上覆盖 1 层薄膜。脑颅后端中央为枕大孔。

咽颅由 7 对软骨弓组成。第 1 对是颌弓，第 2 对是舌弓，第 3 ~ 7 对是鳃弓。可从咽颅的侧面和腹面观察。注意观察鲨鱼的颌弓与脑颅的连接方式。

4. 选做小实验

（1）鲤鱼脑的观察　用骨剪剪开鲤鱼两眼眶之间的骨骼，沿体长轴方向剪开头部背面其他骨骼，再在两纵切口的两端间横剪，小心移去头部背面骨骼，用棉球吸去银色发亮的液体，脑便显露出来。从脑背面进行观察。

端脑：由嗅脑和大脑组成。大脑分左、右两个半球，各呈小球状位于脑的前端，其顶端各伸出 1 条棒状的嗅柄，嗅柄末端为椭圆形的嗅球，嗅柄和嗅球构成嗅脑。

中脑：位于端脑之后，覆盖在间脑背面，较大，受小脑瓣所挤而偏向两侧，各成半月形突起，又称视叶。

小脑：位于中脑后方，为一圆球形体，表面光滑，前方伸出小脑瓣突入中脑。

延脑：脑的最后部分，由 1 个面叶和 1 对迷走叶组成。面叶居中，其前部被小脑遮蔽，只能见到其后部。迷走叶较大，左右成对，在小脑的后两侧。延脑后部变窄，连脊髓。

（2）鲤鱼的年龄鉴定　鲤鱼的年龄主要依据其生长过程中在鳞片、鳍条、鳃盖骨、脊椎骨和耳石等各种钙化组织上留下的生长标志来进行识别和鉴定。其中，鳞片是鲤科鱼类中最常用的年龄鉴定材料。取体侧背部，清除其表面的上皮层组织和鳞下的结缔组织。如条件具备，可用胰蛋白酶消化鳞片上的上皮和结缔组织 2 ~ 3 h，使鳞片薄而透明、环纹清晰。制成临时装片后，在显微镜下观察，可见臀鳞上有类似树木年轮一样的环片，即为鱼鳞的年轮。

作业

1. 试归纳硬骨鱼类的主要特征，以及鱼类适应于水中生活的形态结构特征。

2. 鲤鱼（或鲫鱼）的呼吸系统包括哪些部分？它们是怎样完成呼吸过程的？

3. 试述鲤鱼和鲨鱼的头骨有哪些异同点。

拓展阅读

秉志. 鲤鱼解剖 [M]. 北京：科学出版社，1960.

陈毅峰，何德奎，段中华. 色林错裸鲤的年轮特征 [J]. 动物学报，2002，48（3）：384-392.

杨明，李意捷，雷鹏辉，等. 鲤鱼原代肝细胞的提取和培养方法：CN105754932A [P]. [2016-07-13].

实验 20 鱼类分类

实验目的
- ○ 了解鱼类各主要目的特征
- ○ 认识常见种类，学习鱼类的分类方法

实验内容
- ○ 鱼类的测量方法及常用术语
- ○ 国内常见目及代表种的识别

实验材料与用品
- ○ 鱼类代表种的浸制标本
- ○ 解剖盘、解剖器和测量尺等

实验提示
- ○ 鱼类的外部形态是重要的分类依据，必须先掌握有关的术语与测量方法

实验操作与观察

1. 鱼类的一般测量和常用术语（图 20-1）

全长：自吻端至尾鳍末端的长度。

体长：自吻端至尾鳍基部的长度。

体高：躯干部最高处的垂直高度。

头长：由吻端至鳃盖骨后缘（不包括鳃盖膜）的长度。

躯干长：由鳃盖骨后缘到肛门的长度。

尾长：由肛门至尾鳍基部的长度。

吻长：由上颌前端至眼前缘的长度。

眼径：眼的最大直径。

眼间距：两眼间的直线距离。

口裂长：吻端至口角的长度。

眼后头长：眼后缘至鳃盖骨后缘的长度。

尾柄长：臀鳍基部后端至尾鳍基部的长度。

尾柄高：尾柄最低处的垂直高度。

颊部：眼的后下方和前鳃盖骨的中间部分。

颏部：下颌与鳃盖膜着生地方之间的部分。

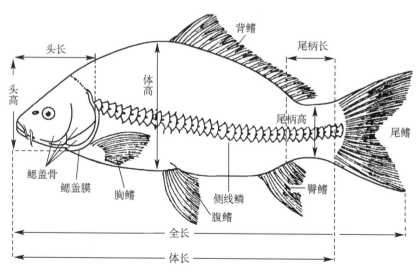

图 20-1 鱼类的测量

峡部：颏部后方，分隔两鳃腔的部位。

喉部：峡部后方，两鳃盖之间的部分。

胸部：喉部后方、胸鳍之前的部分。

腹部：躯干腹面。

鳞式：侧线鳞数$\dfrac{侧线上鳞数}{侧线下鳞数}$。

侧线鳞数：从鳃盖上方直达尾部的带孔鳞的数目。

侧线上鳞数：从背鳍起点斜列到侧线鳞的鳞数。

侧线下鳞数：从臀鳍起点斜列到侧线鳞的鳞数。

鳍条和鳍棘（图20-2）：鳍由鳍条和鳍棘组成。鳍条柔软而分节，末端分支的为分支鳍条，末端不分支的为不分支鳍条。鳍棘坚硬，由左右两半组成的鳍棘为假棘，不能分为左右两半的鳍棘为真棘。

鳍式：一般用D代表背鳍，A代表臀鳍，C代表尾鳍，P代表胸鳍，V代表腹鳍。用罗马数字表示鳍棘数目，用阿拉伯数字表示鳍条数目。鳍式中的半字线（–）表示鳍棘与鳍条相连，逗号（,）表示鳍棘与鳍条分离，罗马数字或阿拉伯数字中间的一字线（—）表示数量范围。例如，鲤鱼的鳍式为：D Ⅳ–16–20；A Ⅲ–5；P Ⅰ –15；V Ⅰ –8。

脂鳍：在背鳍后方的无鳍条支持的鳍。

口位（图20-3）：硬骨鱼类依口的所在位置和上下颌的长短，可区分为口前位、口下位及口上位。口前位为口裂向吻的前方开口，如鲤鱼；口下位为口裂向腹面开口，如鲟鱼；口上位为口裂向上方开口，如翘嘴鲌。

腹棱：肛门到腹鳍基前的腹部中线隆起的棱，或到胸鳍基前的腹部中线隆起的棱。前

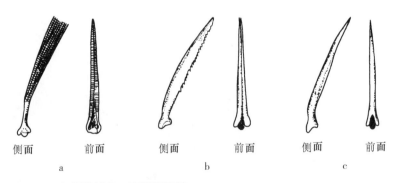

侧面　　前面　　　侧面　　前面　　　侧面　　前面

a　　　　　　　b　　　　　　　c

图 20-2 鱼类的鳍条、真棘和假棘

a. 鳍条（鲤鱼）；b. 假棘（鲤鱼）；c. 真棘（鲈鱼）

图 20-3 口的位置

a. 口前位；b-c. 口下位；d. 口上位

者称腹棱不完全，后者称腹棱完全。

棱鳞：侧线或腹部中线呈棱状突起的鳞。

腋鳞：胸鳍的上角和腹鳍外侧，扩大的鳞片。

2. 软骨鱼纲的分类

软骨鱼纲（Chondrichthyes）目检索表

1（14）外鳃孔 5~7 对；上颌不与脑颅完全愈合 ……………………… 板鳃亚纲（Elasmobranchii）

2（9）眼侧位；鳃裂开口于头的两侧；胸鳍正常，与体侧和头不愈合 ……… 鲨总目（Selachomorpha）

3（4）鳃裂 6~7 对；背鳍 1 个 ……………………………………………… 六鳃鲨目（Hexanchiformes）

4（3）鳃裂 5 对；背鳍 2 个

5（8）具臀鳍

6（7）背鳍前方具一硬棘 ……………………………………………………… 虎鲨目（Heterodontiformes）

7（6）背鳍前方无硬棘 ………………………………………………………… 真鲨目（Carcharhiniformes）

8（5）无臀鳍；背鳍前方的硬棘或有或无 ………………………………… 角鲨目（Squaliformes）

9（2）眼上位；鳃裂开口于头的腹面；胸鳍与头和体侧愈合 ………………… 鳐总目（Batoidei）

10（13）头侧与胸鳍之间无大型发电器官

11（12）背鳍 2 个；尾粗大，具尾鳍；无尾刺 ……………………………… 鳐形目（Rajiformes）

12（11）背鳍 1 个或无；尾部一般细小呈鞭状，尾鳍一般退化或消失；常具尾刺 ……………………

…………………………………………………………………… 鲼形目（Myliobatiformes）

13（10）头侧与胸鳍之间有大型发电器官 ……………………………………… 电鳐目（Torpediniformes）

14（1）外鳃孔 1 对；上颌与脑颅完全愈合（全头亚纲 Holocephali）………… 银鲛目（Chimaeriformes）

（1）六鳃鲨目　鳃裂 6~7 对，背鳍 1 个，无硬刺，有臀鳍。

扁头哈那鲨（*Notorynchus cepedianus*）：体呈长梭形，头部宽扁；每侧有 7 个鳃孔；

背鳍 1 个；尾鳍长，上尾叶窄，下尾叶宽；体背灰色，有黑色小斑点，腹面白色。

（2）真鲨目　眼具瞬膜或瞬褶，鳃孔 5 个，背鳍 2 个。

锤头双髻鲨（*Sphyrna zygaena*）：头平扁，前部向两侧突出，似槌头；眼位于头侧突起的两端；喷水孔消失；鼻孔端位。

（3）角鲨目　背鳍 2 个，无臀鳍，鳃裂 5 ~ 6 对，位于胸鳍基底前方。

短吻角鲨（*Squalus brevirostris*）：头宽扁，鼻孔小；喷水孔颇大，肾形；眼无瞬膜。

（4）鳐形目　犁头鳐（*Rhinobatus schlegelii*）：吻长而平扁，三角形突出；喷水孔较小，位于眼后；鼻孔狭长，距口颇近；口平横，唇褶发达。

（5）鲼形目　赤魟（*Dasyatis akajei*）：体盘平而阔；吻宽而短，前端钝；无背鳍和臀鳍，腹鳍小；尾细长呈鞭状，具尾刺，有毒。

（6）电鳐目　日本单鳍电鳐（*Narke japonica*）：体盘圆形，宽大于长；头侧与胸鳍间具发达的卵圆形发电器；眼小，突出；喷水孔边缘隆起；腹鳍前角圆钝，背鳍 1 个，尾鳍宽大。

（7）银鲛目　头大而侧扁，上颌与脑颅愈合，雄性鳍脚有分支。

黑线银鲛（*Chimaera phantasma*）：鳃裂 4 对，外被一膜质鳃盖，后具一总鳃孔；体表光滑无鳞；背鳍 2 个，鳍棘能竖立；无喷水孔；胸鳍很大，尾细长；雄性除鳍脚外，另具 1 对腹前鳍脚和 1 个额鳍脚。

3. 硬骨鱼纲的分类

硬骨鱼纲（Osteichthyes）辐鳍亚纲（Actinopterygii）常见目检索表

1（2）体被骨板或裸露；尾鳍上叶被硬鳞；歪尾型 ……………………… 鲟形目（Acipenseriformes）

2（1）体被圆鳞、栉鳞或裸露；一般为正尾型

3（6）体细长，呈鳗形；通常无鳞

4（5）左、右鳃孔在喉部相连为一；无偶鳍，奇鳍也不明显 …………… 合鳃目（Synbranchiformes）

5（4）左、右鳃孔不相连；无腹鳍 …………………………………………… 鳗鲡目（Anguilliformes）

6（3）体不呈鳗形

7（32）体对称，头左、右两侧各有一眼

8（21）背鳍无真正的鳍棘

9（20）腹鳍腹位，背鳍 1 个

10（13）上颌口缘常由前颌骨与上颌骨共同组成

11（12）无脂鳍；无侧线 ·· 鲱形目（Clupeiformes）

12（11）一般有脂鳍；有侧线 ·· 鲑形目（Salmoniformes）

13（10）上颌口缘一般仅由前颌骨组成

14（19）体具侧线

15（18）侧线正常，沿体两侧后行

16（17）无颌齿，具咽齿；无脂鳍 ··· 鲤形目（Cypriniformes）

17（16）具颌齿；一般具脂鳍 ··· 鲇形目（Siluriformes）

18（15）侧线位低，沿腹缘后行 ··· 颌针鱼目（Beloniformes）

19（14）体无侧线 ··· 鳉形目（Cyprinodontiformes）

20（9）腹鳍亚胸位或喉位；背鳍 2～3 个 ·· 鳕形目（Gadiformes）

21（8）背鳍具真正的鳍棘

22（31）胸鳍基部不呈柄状；鳃孔一般位于胸鳍基底前方

23（24）吻延长，通常呈管状 ··· 刺鱼目（Gasterosteiformes）

24（23）吻不延长成管状

25（30）腹鳍一般存在；上颌骨不与前颌骨愈合

26（27）腹鳍腹位或亚胸位；2 个背鳍分离颇远 ··· 鲻形目（Mugiliformes）

27（26）腹鳍胸位；2 个背鳍接近或连接

28（29）第二眶下骨不后延为一骨突，不与前鳃盖骨相连 ·· 鲈形目（Perciformes）

29（28）第二眶下骨后延为一骨突，与前鳃盖骨相连 ··· 鲉形目（Scorpaeniformes）

30（25）腹鳍一般不存在，上颌骨与前颌骨愈合 ·· 鲀形目（Tetraodontiformes）

31（22）胸鳍基部呈柄状；鳃孔位于胸鳍基底后方 ··· 鮟鱇目（Lophiiformes）

32（7）成体身体不对称，两眼都位于头的一侧 ·· 鲽形目（Pleuronectiformes）

（1）鲟形目 口腹位，吻发达，体被 5 行骨板或裸露，歪尾型。

中华鲟（*Acipenser sinensis*）：体被 5 行骨板；口前具 4 条触须；有喷水孔；背鳍位于腹鳍后方。

（2）鲱形目 背鳍 1 个，腹鳍腹位，各鳍均无硬棘，体被圆鳞，无侧线。

鳓（*Ilisha elongata*）：体长而高，侧扁；腹缘有锯齿状棱鳞；口上位，下颌突出；臀鳍基长，腹鳍很小；偶鳍基部有腋鳞，圆鳞薄而易脱落。

日本鳀（*Engraulis japonicus*）：体细长，腹部圆；无棱鳞；口裂大，上颌长于下颌。

凤鲚（*Coilia mystus*）：体侧扁而长，向尾端逐渐变细；腹部棱鳞显著；上颌骨后延到胸鳍基部；臀鳍长，并与尾鳍相连，胸鳍上部具 6 个游离的丝状鳍条。

（3）鲑形目　常有脂鳍，具侧线。

大麻哈鱼（*Oncorhynchus keta*）：体长而高；口大，口裂斜，齿尖锐；脂鳍与臀鳍相对；吻端突出并微弯曲，头后逐渐隆起，直至背鳍基部；体被小圆鳞。

香鱼（*Plecoglossus altivelis*）：体窄长而侧扁，头小；吻端向下垂，形成吻钩，口闭时，恰置于下颌的凹内；头部无鳞，体上密被细小的圆鳞；脂鳍和臀鳍相对。

大银鱼（*Protosalanx chinensis*）：体细长，半透明，前部圆而后部侧扁；体光滑，仅雄鱼臀鳍基部有一行鳞；臀鳍大，基部长，脂鳍与臀鳍基末端相对。

（4）鳗鲡目　体呈棍棒状，无腹鳍，鳃孔狭窄，背鳍与臀鳍无棘，很长，常与尾鳍相连。

鳗鲡（*Anguilla japonica*）：体圆筒状；有胸鳍，奇鳍彼此相连；鳞退化。

（5）鲤形目　背鳍 1 个，腹鳍腹位，各鳍无真正的棘，有些具假棘，体被圆鳞或裸露，鳔有管，具韦伯器，多数种类具咽齿（图 20-4）而无颌齿，多数为淡水鱼类。

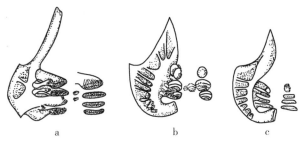

图 20-4　鲤科鱼类的咽齿
a. 草鱼；b. 鲤鱼；c. 鲫鱼

青鱼（*Mylopharyngodon piceus*）：体长而略呈圆筒形；背部、体侧及偶鳍呈青黑色；口端位，无触须；下咽齿呈臼齿状。

草鱼（*Ctenopharyngodon idella*）：体呈茶黄色，腹部灰白；口端位；咽齿侧扁且具槽纹，呈梳状。

鲢（*Hypophthalmichthys molitrix*）：体侧扁，体呈银白色，无斑纹；从胸部到肛门之间有发达的腹棱；口上位，眼位置低；咽齿 1 行，平扁杓形；鳃耙呈海绵状并互相连接；鳞小。

鳙（*Aristichthys nobilis*）：背部体色较暗，具不规则的黑色斑点；口上位，眼位置低；腹棱不完全，仅自腹鳍基部至肛门前；胸鳍大；头大而宽，咽齿 1 行，杓形；鳃耙细密但互不相连；鳞小。

鲤（*Cyprinus carpio*）：背鳍与臀鳍中最长的棘后缘有锯齿；口部有两对触须；下咽

齿 3 行，内侧的齿呈臼齿形。

鲫（*Carassius auratus*）：背部隆起且较厚，腹部圆；背鳍与臀鳍中最长的棘后缘有锯齿；口部无触须；咽齿 1 行，侧扁。

团头鲂（*Megalobrama amblycephala*）：体侧扁，整体轮廓呈长菱形；腹棱自腹鳍基部至肛门；头短而小，口小，端位；背鳍具棘而臀鳍无棘；咽齿 3 行，齿端呈小钩状。

泥鳅（*Misgurnus anguillicaudatus*）：体呈圆筒形，体侧有不规则的黑色斑点；头小，口下位，口须 5 对；尾柄侧扁而薄；鳞片细小，深陷皮内。

（6）鲇形目　身体裸露无鳞片，有触须数对，一般有脂鳍，胸鳍常有一强大的棘。

鲇（*Silurus asotus*）：身体在腹鳍前较圆胖，以后渐侧扁；口上位，大而宽，须 2 对，其中上颌须较长；背鳍甚小，呈丛状，无棘，无脂鳍，臀鳍长，后端与尾鳍相连。

黄颡鱼（*Pelteobagrus fulvidraco*）：前部平扁，后部侧扁；口下位，口须 4 对；背鳍具有强大的棘，其后缘有锯齿，具脂鳍。

（7）颌针鱼目　胸鳍位置偏于背方，鳍无棘，侧线位低，接近腹部。

尖嘴柱颌针鱼（*Strongylura anastomella*）：体细长侧扁，躯干部背腹缘直，几乎互相平行；口裂甚长，两颌向前延长成喙；圆鳞薄而小，排列不规则；背鳍靠近尾部。

燕鳐鱼（*Prognichthys agoo*）：体略呈梭形，体背面青黑色，下部银白；吻短，眼大；圆鳞甚大；胸鳍特长，展开时可在水面上滑翔；腹鳍大，尾鳍分叉，下叶较长。

（8）鳕形目　体被圆鳞，各鳍均无棘，鳔无管，腹鳍喉位。

大头鳕（*Gadus macrocephalus*）：体长形，稍侧扁；体被小圆鳞；头大，口前位，颏部有一短须；3 个背鳍，2 个臀鳍，尾鳍截形。

（9）刺鱼目　吻大多延长成管状，口前位，许多种类体被骨板，背鳍、臀鳍及胸鳍鳍条均不分支。

日本海马（*Hippocampus japonicus*）：体侧扁，全身被有环状骨板；头与躯干成直角，鳃孔呈裂缝状，尾呈四棱形，可卷曲；无尾鳍，无腹鳍。

（10）鲻形目　头部被圆鳞，身体被栉鳞，有 2 个分离的背鳍，第一背鳍由鳍棘组成，第二背鳍由一棘和若干鳍条组成。腹鳍位于第一背鳍之前、胸鳍之后。

鲻（*Mugil cephalus*）：体呈长椭圆形；眼大，脂眼睑发达；无侧线。

（11）合鳃目　体形似鳗，背鳍、臀鳍、尾鳍连在一起，鳍无棘，无偶鳍。左、右鳃裂移至头的腹面，连成一横缝。

黄鳝（*Monopterus albus*）：体呈圆筒形，光滑无鳞，体黄褐色；鳃孔在腹面连合为一横裂；无胸鳍及腹鳍，背、臀、尾鳍均退化。

（12）鲈形目　腹鳍胸位或喉位；背鳍 2 个，第一背鳍通常由鳍棘组成，常和第二背鳍相连；体被栉鳞；鳔无管。

日本花鲈（*Lateolabrax japonicus*）：体狭长，口大，下颌突出；腹鳍胸位，背鳍前方有 12 条硬棘，臀鳍有 3 条硬棘，尾鳍凹形。

鳜（*Siniperca chuatsi*）：体侧扁而背部隆起，体黄褐色，有斑点；头大，口大，下颌突出，有锐齿；腹鳍胸位，背鳍前方有 12 条硬棘，臀鳍有 3 条硬棘，前鳃盖骨后部有锯齿状棘，尾鳍圆形。

罗非鱼（*Oreochromis mossambicus*）：原产非洲，我国引入养殖。体为长椭圆形，侧扁；侧线前后中断为二；受精卵在亲鱼口中孵化。

真鲷（*Pagrus major*）：体呈淡红色，具蓝色斑点，体侧扁，长椭圆形，背面隆起度大，头大；上颌前端具"犬牙" 2 对，两侧具"臼齿" 2 列，下颌前具"犬牙" 3 对，两侧具"臼齿" 2 列。

大黄鱼（*Larimichthys crocea*）及小黄鱼（*L. polyactis*）：体呈金黄色，体长圆形，颏部有 6 个细孔，头顶有骨棱，耳石很大。二者的区别在于小黄鱼鳞较大，尾柄稍粗短，长为高的 2 倍多，而大黄鱼鳞较小，尾柄长为高的 3 倍多。

带鱼（*Trichiurus*）：体银白色，无鳞，体长，呈带状，尾部末端为细鞭状；口大，下颌长于上颌，两颌牙齿强大而尖锐；背鳍甚长，腹鳍退化。

蓝点马鲛（*Scomberomorus niphonius*）：又称鲅鱼。体长纺锤形，尾鳍深叉形，尾鳍基部两侧各有 3 条隆起的脊；第一背鳍长，第二背鳍和臀鳍后各有小鳍 8～9 个；体背呈青蓝色，有黑色斑点。

银鲳（*Pampus argenteus*）：体呈卵圆形，侧扁而高，鳞片细小；背鳍基和臀鳍基均长，胸鳍长，无腹鳍，尾柄细，尾鳍深叉形。

（13）鲽形目　成鱼身体不对称，两眼位于同一侧；鳍一般无棘，无鳔，背鳍和臀鳍通常很长，腹鳍胸位或喉位；营底栖生活，仔鱼左右对称，眼位于两侧。

木叶鲽（*Pleuronichthys cornutus*）：体呈卵圆形，两眼均在头右侧；头小，吻短，眼大而突出，眼间距窄；口小，口裂不超过眼后端。

褐牙鲆（*Paralichthys olivaceus*）：体卵圆形，两眼均在头左侧，眼间距宽；口大，口裂超过眼后端。

半滑舌鳎（*Cynoglossus semilaevis*）：体侧扁呈舌状，两眼均在头左侧，有眼的一侧有 3 条侧线，延伸至头部相接；口小，吻部延长成钩突状，包覆下颌；无胸鳍。

（14）鮟鱇目　体无鳞，头大，平扁或侧扁，口裂宽。胸鳍基骨延长扩大，使胸鳍基部呈"假臂"状，腹鳍喉位或无腹鳍。

黄鮟鱇（*Lophius litulon*）：体平扁，第一背鳍前 3 鳍棘延长，末端特化成诱饵状，能诱捕猎物。

（15）鲀形目　体形短粗，上颌骨与前颌骨愈合形成特殊的喙，鳃孔小，腹鳍退化为棘或无。有些种类有气囊，能充气。

虫纹东方鲀（*Takifugu vermicularis*）：体椭圆形，前部钝圆，尾部渐细，无鳞；口小，端位，上下颌前端各有 1 对板状齿，鳃孔为一弧形裂缝；无腹鳍，尾鳍后端平截。

六斑刺鲀（*Diodon holocanthus*）：鳞特化成棘刺状，能活动。

▶ 视频 20-1　鱼类的分类

作业

1. 记录所观察到的鱼的主要特征。

2. 编写所观察到的鲤形目或鲈形目中代表鱼类的检索表。

拓展阅读

冯昭信. 鱼类学 [M]. 2 版. 北京：中国农业出版社，1998.

李明德. 鱼类学形态和生物学 [M]. 天津：南开大学出版社，1992.

张春光，邵广昭，伍汉霖，等. 中国生物物种名录 [第二卷 动物：脊椎动物（Ⅴ）·鱼类（上册）] [M]. 北京：科学出版社，2020.

郑作新. 脊椎动物分类学 [M]. 北京：科学出版社，1982.

中国科学院海洋研究所. 中国经济动物志（海产鱼类）[M]. 北京：科学出版社，1962.

中国科学院水生生物所. 中国经济动物志（淡水鱼类）[M]. 北京：科学出版社，1979.

实验 21 牛蛙的外形观察和内部解剖

实验目的
- ○ 了解两栖动物外部形态特点，以及消化系统、呼吸系统、泄殖系统、神经系统的构造和特点
- ○ 学习两栖动物解剖技术
- ○ 掌握剥离血管的解剖技术

实验内容
- ○ 牛蛙的外形与皮肤观察
- ○ 牛蛙的解剖及其循环系统、消化系统、呼吸系统、泄殖系统和神经系统形态结构的观察

实验材料与用品
- ○ 牛蛙、蛙皮肤装片、蛙神经系统标本
- ○ 解剖器、镊子、蜡盘、细线、大头针、放大镜、脱脂棉、乙醚

实验提示
- ○ 处死实验牛蛙主要有两种方法，分别是双毁髓法和麻醉致死法
- ○ 双毁髓法：左手持蛙，拇指压住蛙体背部，食指轻压蛙头部，头部与背部之间中央的凹陷处即为枕骨大孔位置，解剖针由此处刺入。针尖刺入颅腔毁脑时，针的倾斜角度不宜过大，以 10°～15° 为宜。解剖针毁脊髓时，应保持解剖针方向与脊椎方向一致，避免针尖刺穿脊椎而脱离椎管
- ○ 麻醉致死法：将活蛙置于装有浸过乙醚（或氯仿）的棉球的广口瓶内，加盖静置 10～15 min，使蛙深度麻醉致死

实验操作与观察

1. 牛蛙外形观察

将活蛙静伏于解剖盘内，背部朝上，观察其身体结构特征，可分为头部、躯干部和四肢3部分（图21-1）。观察其前肢和后肢的差异，了解其运动方式。

（1）头部　蛙头部扁平，略呈三角形，吻端稍尖。口宽大，横裂，由上、下颌组成。眼大而突出，生于头的左右两侧，具上、下眼睑，下眼睑内侧有一半透明的瞬膜。轻触眼睑，观察上、下眼睑和瞬膜是否活动。两眼后各有一圆形鼓膜。雄蛙口角内后方各有一膜襞为声囊，鸣叫时鼓成泡状。

（2）躯干部　鼓膜之后为躯干部。蛙的躯干部短而宽，躯干后端，背侧中央有一小孔，为泄殖腔孔。

（3）四肢　前肢短小，由上臂、前臂、腕、掌、指5部组成。4指，指间无蹼。生殖季节雄蛙第一指基部内侧有一膨大突起，称婚瘤，为抱对之用。后肢长而发达，分为股、胫、跗、跖、趾5部。5趾，趾间有蹼。在第一趾内侧有一较硬的角质化的距。

图21-1　牛蛙的外形

2. 牛蛙皮肤观察

牛蛙皮肤裸露，腺体丰富。皮肤粗糙，色素细胞丰富。背面皮肤为黄绿、深绿等，腹面皮肤光滑、黄绿色或近白色。

蛙的皮肤腺发达，主要是遍布全身的黏液腺。用手触摸活蛙的皮肤，有黏滑感，其黏液由皮肤腺所分泌。

[?] 保持皮肤的湿润对蛙的生活有何意义？

观察蛙皮肤装片，可见蛙的皮肤由表皮和真皮组成。角质层裸露在体表，极薄，由扁平细胞构成，角质层下为柱状细胞构成的生发层。表层中尚有腺体的开口和少量色素细胞。真皮位于表皮之下，其厚度约为表皮的3倍，由结缔组织组成，可分为紧贴表皮生发层的疏松层及其下方的致密层。真皮中有许多色素细胞、多细胞腺、血管和神经末梢等。

3. 牛蛙内部结构解剖与观察

将蛙处死后，进行如下观察。

（1）口咽腔　口咽腔为消化和呼吸系统共同的通道。

舌：左手持镊将蛙的下颌拉下，可见口腔底部中央的肌肉质舌，其基部着生在下颌前端内侧，舌尖向后伸向咽部。右手用镊子轻轻将舌从口腔内向外翻拉出展平，可看到蛙的舌尖分叉。

[?] 蛙舌怎样捕食？

内鼻孔：1 对椭圆形孔，位于口腔顶壁近吻端处。取细线从外鼻孔穿入，可见细线由内鼻孔穿出。

齿：沿上颌边缘有一行细而尖的牙齿，齿尖向后，即颌齿；在 1 对内鼻孔之间有两丛细齿，为犁齿。

耳咽管孔：位于口腔顶壁两侧、颌角附近的 1 对大孔。用镊子由此孔轻轻探入，可通到鼓膜。

声囊孔：雄蛙口腔底部两侧口角处，耳咽管孔稍前方，有 1 对小孔，即声囊孔。

喉门：为舌尖后方，腹面的具有纵裂的圆形突起。内由 1 对半圆形杓状软骨支持，两软骨间的纵裂即喉门，是喉气管室在咽部的开口。

食管口：喉门的背侧，咽底的皱襞状开口。

观察完口咽腔后，剪开皮肤（图 21-2）。将处死的蛙腹面向上置于蜡盘中，展开四

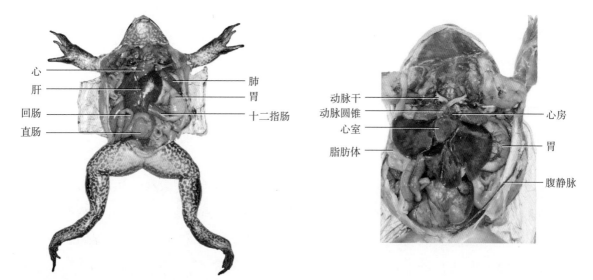

图 21-2 打开腹腔后的牛蛙内部结构

肢，用大头针插入掌部和跖部，将蛙固定在蜡盘上。先沿腹中线剪开蛙的皮肤，然后用镊子将两后肢基部之间的腹直肌后端提起，用剪刀沿腹中线稍偏左自后向前剪开腹壁（这样不致损毁位于腹中线上的腹静脉），剪至剑胸骨处时，再沿剑胸骨的左、右侧斜剪，剪断乌喙骨和肩胛骨。用镊子轻轻提起剑胸骨，仔细剥离胸骨与围心膜间的结缔组织（注意勿损伤围心膜），最后剪去胸骨和胸部肌肉。将腹壁中线处的腹静脉从腹壁上剥离开；再将腹壁向两侧翻开，用大头针固定在蜡盘上。

（2）循环系统　蛙的循环系统主要观察心脏外观及其周围血管、动脉、静脉，以及心脏的内部结构。

1）心脏外观及其周围血管　心脏位于体腔前端胸骨背面，被包在围心腔内。在心脏腹面用镊子夹起半透明的围心膜并剪开，心脏便暴露出来。从腹面观察心脏的外形及其周围血管（图 21-3a、b）。

心房：为心脏前部的 2 个薄壁有皱襞的囊状体，将心室向上折向背面后更清晰可见心房。

心室：1 个，连于心房之后的厚壁部分，圆锥形，心室尖向后。在两心房和心室交界处有明显的冠状沟，紧贴冠状沟有黄色脂肪体。

动脉圆锥：由心室腹面右上方发出的 1 条较粗的肌质管，色淡。其后端稍膨大，与心室相通。其前端分为两支，即左、右动脉干。

用镊子轻轻提起心尖，将心脏翻向前方，观察心脏背面。

静脉窦：在心脏背面，为一暗红色三角形的薄壁囊。其左、右两个前角分别连接左、右前大静脉，后角连接后大静脉。静脉窦开口于右心房。在静脉窦的前缘左侧，有很细的肺静脉注入左心房。

2）动脉　用镊子仔细剥离心脏前方左、右动脉干周围的肌肉和结缔组织，可见左、右动脉干穿出围心腔后，每支又分成 3 支，即颈动脉、肺皮动脉和体动脉（图 21-3b、c）。

① 颈动脉及其分支　颈动脉是由动脉干发出的最前面的 1 支血管。沿血管走向，用镊子清除其周围的结缔组织，即可见此血管前行不远，便分为外颈动脉和内颈动脉 2 支。

外颈动脉：由颈动脉内侧发出，较细，直伸向前，分布于下颌和口腔壁。

内颈动脉：由颈动脉外侧发出的 1 支较粗的血管，其基部膨大成椭圆体，称颈动脉腺。内颈动脉继续向外前侧延伸到脑颅基部，再分出血管，分布于脑、眼、上颌等处。

? 颈动脉腺有何作用？

② 肺皮动脉　由动脉干发出的最后面的 1 支动脉，它向背外侧斜行。仔细剥离其周

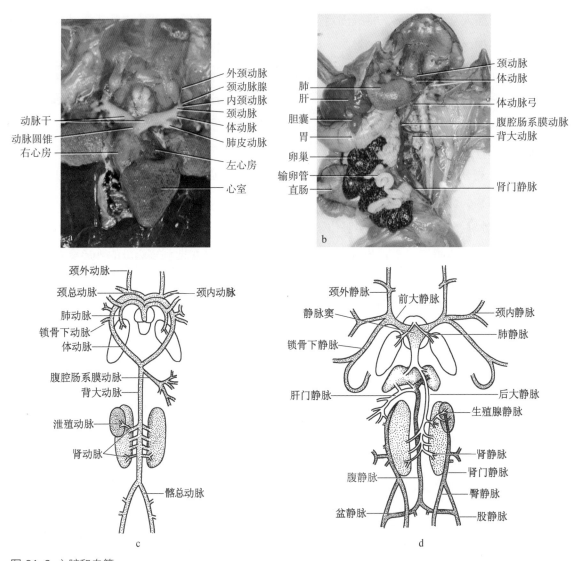

图 21-3 心脏和血管

a. 牛蛙心脏及其周围血管；b. 蟾蜍的血管和内脏器官；c. 蟾蜍动脉模式图（背面观）；d. 蟾蜍静脉模式图（背面观）

围结缔组织，可见此动脉又分为较细的肺动脉和较粗的皮动脉 2 支。

③ 体动脉及其分支　体动脉是从动脉干发出的 3 支动脉的中间 1 支，最粗。左、右体动脉前行不远就环绕食管两旁转向背方，沿体壁后行到肾的前端，汇合成 1 条背大动脉。

小心地将胃、肠翻到腹腔的右侧观察。可见左、右体动脉弓汇合成背大动脉，由前至后端，沿途发出的主要分支有以下 3 支。

腹腔肠系膜动脉：为背大动脉在腹腔内的第 1 个分支，是从背大动脉基部腹面发出 1 支较粗短的血管（有时此动脉在两体动脉汇合之前，从左体动脉上发出）。

泄殖动脉：背大动脉后行经过两肾之间时，从其腹面发出的 4～6 对细小的血管，分布到肾、生殖腺和脂肪体上。观察时用镊子轻轻将背大动脉腹方的后大静脉和肾静脉略挑起，便可清楚地看到。

总髂动脉：将内脏推向体腔的一侧，可见背大动脉在尾杆骨中部分成左、右两大支，即左、右总髂动脉，分别进入左、右后肢。

3）静脉 静脉多与动脉并行，可分为肺静脉、体静脉和门静脉（图 21-3d）。

① 肺静脉 用镊子提起心尖，将心脏折向前方，可见左、右肺的内侧各伸出 1 根细的静脉，右边的略长；在近左心房处，两支细静脉汇合成 1 支很短的总肺静脉，通入左心房。

② 体静脉 包括左右对称的 1 对前大静脉和 1 条后大静脉。将心脏折向前方，于心脏背面观察。位于心脏两侧，分别通入静脉窦左右角的 2 支较粗的血管，即左、右前大静脉。通入静脉窦后角的 1 支粗血管，即后大静脉，将肠翻向右侧，可看到肠背侧有 1 条纵行、粗大的后大静脉。它起于两肾之间，在背大动脉的腹面，沿背中线前行，进入静脉窦的后角。

③ 门静脉 包括肾门静脉和肝门静脉。它们分别接受来自后肢和消化器官的静脉，汇入肾和肝，并在肾和肝中分散成毛细血管。

肾门静脉：是位于左、右肾外缘的 1 对静脉。沿一侧肾外缘向后追踪，可见此血管由来自后肢的臀静脉和髂静脉汇合而成。

肝门静脉：将肝翻折向前，可见肝后面的肠系膜内有 1 条短而粗的血管入肝，此即肝门静脉。仔细向后分离追踪，可见此血管是由来自胃和胰的胃静脉、来自肠和系膜的肠静脉和来自脾的脾静脉汇合而成的。肝门静脉前行至肝附近与腹静脉合并入肝。

腹静脉：位于腹壁中线处，介于腹肌白线和腹腔膜之间，其后端由来自后肢的左、右骨盆静脉汇合而成。此静脉沿腹中线前行至剑胸骨附近，离开腹壁转入腹腔。将肝翻折向前，可见腹静脉伸到肝，在胆囊左方分成 3 支，其中 2 支分别入肝的左、右叶，1 支汇入肝门静脉。

4）心脏的内部结构 观察血管分布以后，用镊子提起心脏，用剪刀将心脏连同一段出入心脏的血管剪下，在解剖镜下用手术刀切开心室、心房和动脉圆锥的腹壁，观察心脏和动脉圆锥的内部结构。

在心房和心室之间有一房室孔，以沟通心室与心房；在房室孔周围可见有 2 片大型和 2 片小型的膜状瓣，称房室瓣。在心室和动脉圆锥之间也有 1 对半月形的瓣膜，称半月瓣。在动脉圆锥内有 1 个腹面游离的纵行瓣膜，称螺旋瓣。

[?] 心脏内部的这些瓣膜各有何作用？

[▶] 视频 21-1　蛙心搏动

（3）消化系统　由消化腺和消化管组成，消化腺包括肝和胰（图 21-4）。

肝：红褐色，位于体腔前端，心脏的后方，由较大的左右两叶和较小的中叶组成。在中叶背面、左右两叶之间有一蓝绿色圆形胆囊。用镊子夹起胆囊，轻轻向后牵拉，可见胆囊前缘向外发出两根胆囊管，一根与肝管连接，接收肝分泌的胆汁，一根与总输胆管相接。胆汁经总输胆管进入十二指肠。提起十二指肠，用手指挤压胆囊，有暗绿色胆汁经总输胆管而入十二指肠。

[?] 胆汁有何作用？

食管：将心脏和左叶肝推向右侧，可见心脏背方有一乳白色食管与胃相连。

胃：为食管下端所连的一个弯曲的膨大囊状体，胃与食管相连处称贲门；胃与小肠交接处明显紧缩，变窄，为幽门。

肠：可分小肠和大肠两部。小肠自胃部幽门后开始，向右前方伸出的一段为十二指肠；其后又向右后方弯转回肠。大肠接于回肠，膨大而陡直，又称直肠；直肠向后通泄殖腔，以泄殖腔孔开口于体外。

胰：为一条淡色的腺体，位于胃和十二指肠间的弯曲处。将肝、胃和十二指肠翻折向前方，即可看到胰的背面。总输胆管穿过胰，并接受胰管通入。

位于直肠前端肠系膜上的红褐色球状物，属于淋巴器官，与消化无关。

（4）呼吸系统　牛蛙为肺部和皮肤共同呼吸。参与肺呼吸的器官有鼻腔、口腔、喉气管室和肺。

喉气管室：左手持镊轻轻将心脏后移，右手用钝头镊子自咽部喉门处

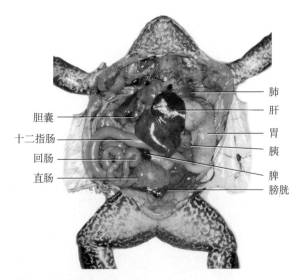

胆囊　十二指肠　回肠　直肠　肺　肝　胃　胰　脾　膀胱

图 21-4　牛蛙的消化系统

通入，可见心脏背方一短粗略透明管，即喉气管室，其后端通入肺。

肺：位于心脏两侧的 1 对粉红色、近椭圆形的薄壁囊状物。剪开肺壁可见其内表面呈蜂窝状，密布微血管。

⸮ 蛙是怎样进行咽式肺呼吸的?

▶ 视频 21-2　蛙的呼吸

（5）泄殖系统　牛蛙为雌雄异体，观察时可互换不同性别的标本。将消化管移向一侧，观察以下结构。

① 泌尿器官如图 21-5 所示。

肾：1 对红褐色长扁而有褶皱的器官，位于体腔后部，紧贴背壁脊柱的两侧。将位于其上的腹腔膜剥离开，即清楚可见。肾的腹缘有 1 条橙黄色的肾上腺，为内分泌腺。

输尿管：由两肾的外缘近后端发出的 1 对壁很薄的细管，向后伸延，分别通入泄殖腔背壁（蟾蜍的左右输尿管末端合并成一总管后通入泄殖腔背壁）。

膀胱：位于体腔后端腹面中央，连附于泄殖腔腹壁的 1 个两叶状薄壁囊。膀胱被尿液充盈时，其形状明显可见。

泄殖腔：为粪、尿和生殖细胞共同排出的通道，以单一的泄殖腔孔开口于体外。沿腹中线剪开耻骨，进一步暴露泄殖腔。剪开泄殖腔的侧壁并展开腔壁，用放大镜观察腔壁上输尿管、膀胱，以及雌蛙输卵管通入泄殖腔的位置。

⸮ 输尿管和膀胱直接相通吗? 尿液如何流入膀胱和排出体外?

② 雌性生殖器官如图 21-5a、d 所示。

卵巢：1 对，位于肾前端腹面，形状大小因季节不同而变化很大。在生殖季节极度膨大，内有大量黑色卵，未成熟时淡黄色。

输卵管：为 1 对长而迂曲的管子，乳白色，位于输尿管外侧。以喇叭状开口于体腔；后端在接近泄殖腔处膨大成囊状，称为"子宫"。"子宫"开口于泄殖腔背壁（蟾蜍的左、右"子宫"合并后，通入泄殖腔）。

脂肪体：1 对，黄色，指状。

③ 雄性生殖器官如图 21-5b、e 所示。

精巢：1 对，位于肾腹面内侧，近透明或黄白色，卵圆形，其大小和颜色随个体和季节的不同而有差异。

输精管和输精小管：用镊子轻轻提起精巢，可见由精巢内侧发出的许多细管即输精小管，它们通入肾前端，雄蛙的输尿管兼输精功能。

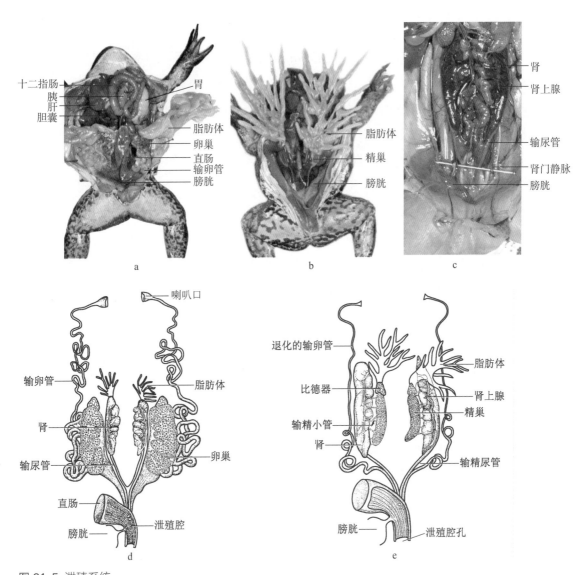

图 21-5 泄殖系统

a. 牛蛙雌性生殖器官；b. 牛蛙雄性生殖器官；c. 牛蛙泌尿器官；d. 蟾蜍雌性泄殖系统模式图；e. 蟾蜍雄性泄殖系统模式图

雄蟾蜍精巢前方有 1 对扁圆形的比德器，为退化的卵巢，牛蛙成体的比德器退化。

脂肪体：位于精巢前端的黄色指状体，其体积大小在不同季节里变化很大。

4. 示范实验

观察蛙的神经系统标本，熟悉蛙脑和脊髓的结构，了解外周神经与中枢神经的关系。

5. 选做小实验——蛙肠系膜微循环的观察

用镊子轻轻拉出牛蛙的胃和小肠，将肠系膜置于蛙循环观察板上（1 块带孔的薄木板，孔直径 2.5～3.0 cm），低倍镜下观察肠系膜的血液循环。可见动脉血流速度快，血液鲜红，血液流向肠；静脉血流速度慢，血液暗红色，血液流向肝；毛细血管管腔非常细，仅可容 1 个红细胞通过。

作业

1. 根据观察，绘制蛙口腔内的结构，注明各结构的名称。

2. 根据解剖观察，绘制青蛙的泄殖系统结构图，注明各器官的名称。

3. 两栖动物的消化、呼吸系统及感觉器官在哪些方面表现出陆生脊椎动物的特征？

4. 根据实验观察，比较蛙和鲤鱼（或鲫鱼）消化、呼吸、泄殖系统结构的异同点。

5. 为什么说两栖动物的血液循环是不完全双循环？

拓展阅读

周本湘 . 蛙体解剖学 [M]. 北京：科学出版社，1956.

KARDONG K V. Vertebrates: comparative anatomy, function, evolution[M]. 6th ed. New York: McGraw-Hill Education，2012.

实验 22 蛙（或蟾蜍）的骨骼和肌肉系统观察

实验目的　○ 通过对蛙（或蟾蜍）的外形、皮肤、骨骼和肌肉系统进行细致观察，了解上述结构的基本特征，总结两栖类对陆生生活适应的不完全性
○ 掌握实验解剖牛蛙的具体方法

实验内容　○ 双毁髓法处死牛蛙的具体操作步骤
○ 蛙（或蟾蜍）的外形、皮肤、骨骼和肌肉系统的观察
○ 蛙（或蟾蜍）神经和肌肉系统反馈功能的示范观察

实验材料与用品　○ 蛙（或蟾蜍）整体骨骼和散装骨骼标本，牛蛙
○ 解剖盘、解剖剪、解剖刀、镊子、大头针、脱脂棉、普通光学显微镜、解剖镜等

实验提示　○ 双毁髓法处死牛蛙的注意事项详见实验 21

实验操作与观察

1. 骨骼系统观察

蛙（或蟾蜍）的骨骼系统由中轴骨骼（包括头骨和脊柱）和附肢骨骼组成。取蛙（或蟾蜍）的整体骨骼标本和不同部位骨骼标本进行观察（图 22-1）。

（1）头骨　蛙（或蟾蜍）的头骨扁而宽，可分为脑颅和咽颅两部分。

① 脑颅　中央狭长部分即脑颅，为容纳脑的地方；其两侧各一大空隙，眼球着生于此。脑颅后端有枕骨大孔，脑由此与脊髓相通。观察构成脑颅的骨片。

头骨背面观察如图 22-2a、c、d 所示。

外枕骨：1 对，位于最后方，左右环接，中贯枕骨大孔，每块外枕骨有一光滑圆形突起，称枕髁，与颈椎相关节。

前耳骨：1 对，位于两外枕骨的前侧方。

额顶骨：1 对，狭长，位于外枕骨前方，构成脑颅顶壁的主要部分。

鼻骨：1 对，位于额顶骨前方，略呈三角形，构成鼻腔的背壁。

蝶筛骨：位于鼻骨和额顶骨之间，构成颅腔的前壁，并向前伸展，构成鼻腔的后半部。此骨在脑颅的腹面可见。

头的腹面观察如图 22-2b 所示。

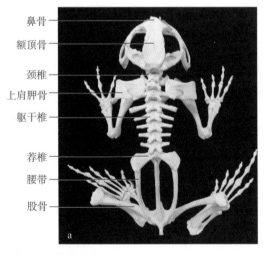

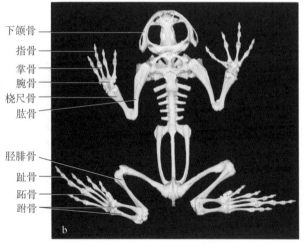

鼻骨
额顶骨
颈椎
上肩胛骨
躯干椎
荐椎
腰带
股骨

下颌骨
指骨
掌骨
腕骨
桡尺骨
肱骨
胫腓骨
趾骨
跖骨
跗骨

图 22-1 蟾蜍骨骼
a. 背面；b. 腹面

副蝶骨：为脑颅腹面最大的扁骨，略呈"＋"形，其后缘与外枕骨相接，其前方是蝶筛骨。

犁骨：1 对，位于鼻囊的腹面。蛙的每块犁骨腹面有 1 簇细齿，称犁骨齿（蟾蜍无犁骨齿）。

② 咽颅　包括上、下颌及腭部的骨骼及舌骨。

上颌骨包括前颌骨、颌骨、方轭骨、鳞骨、翼骨和腭骨（图 22-2）。

前颌骨：1 对，短小，位于上颌的最前端，其下缘生有齿（蟾蜍无前颌齿）。

颌骨：1 对，形长而扁曲，前端与前颌骨相连，后端与方轭骨毗连，构成上颌外缘。骨的下表面凹陷成沟，沟的外边生有整齐的细齿，称颌齿（蟾蜍无颌齿）。

方轭骨：1 对，短小，位于上颌后端外缘的两旁，与颌骨相连。其后端是一块尚未骨化的方软骨。

鳞骨：1 对，位于前耳骨的两侧，呈"T"字形。其主支向后侧方伸出，连接方轭骨的后端，其横支的后端连接前耳骨。

翼骨：1 对，位于鳞骨下方，呈"人"字形。其前支与颌骨的中段相连接，后支和内

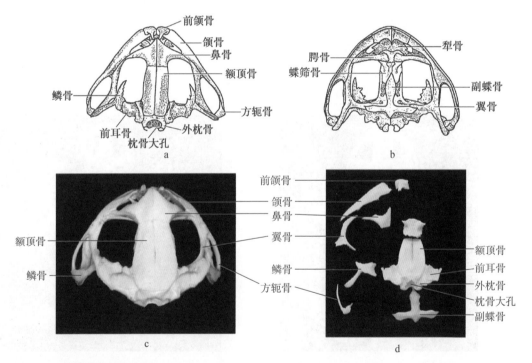

图 22-2 蟾蜍的脑颅和上颌
a. 背面模式图；b. 腹面模式图；c. 背面头骨标本；d. 背面头骨标本（示左侧，部分骨骼相互分离）

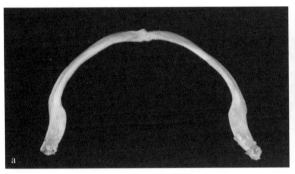
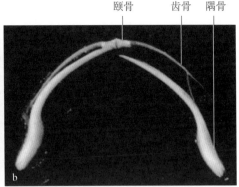

颐骨　　　齿骨　　隅骨

图 22-3 蟾蜍下颌

a.完整下颌；b.各骨骼相互分离

支分别与方软骨、前耳骨相连。

腭骨：为 1 对横生细长骨棒，位于头骨腹面，一端连蝶筛骨，另一端连颌骨。

下颌骨包括颐骨、齿骨和隅骨（图 22-3）。

颐骨：1 对，极小，位于下颌前端。

齿骨：1 对，长条形薄硬骨片，附于麦氏软骨前半段的外面。

隅骨：1 对，长、大，包围麦氏软骨的内、下表面。前端与齿骨相连，后端变宽，延伸达下颌的关节。

（2）脊柱　蛙（或蟾蜍）的脊柱由 1 枚颈椎、7 枚躯干椎、1 枚荐椎和 1 个尾杆骨组成（图 22-4）。

① 椎骨的一般构造　取 1 枚躯干椎观察。

椎体：是脊椎骨腹面增厚的部分。其前端凹入，后端凸出，为前凹型椎体。前后相邻椎体凹凸两面互相关节。蛙最后一枚躯干椎的椎体为双凹型（蟾蜍每一躯椎的椎体都是前凹型）。

椎孔：椎体背面的一椭圆形孔，前后邻接的椎骨的椎孔相连形成管状结构即椎管，脊髓贯穿其中。

椎弓：为椎体背侧的 1 对弧形骨片，构成椎孔的顶壁和侧壁。

椎棘：椎弓背面正中的细短突起。

横突：在椎弓基部和椎体交界处，

颈椎　　　躯干椎　　　　荐椎　　　尾杆骨

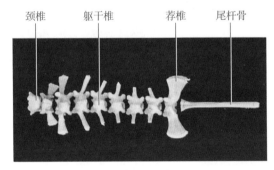

图 22-4 蟾蜍脊椎骨（背面观）

是由椎体两侧向外突出的 1 对长突起。

关节突：2 对，为分别位于椎弓基部前、后缘的小突起。前面的关节面向前，称前关节突；后面的关节面向后，称后关节突。前一椎骨的后关节突与后一椎骨的前关节突形成关节。

② 颈椎　为第 1 椎骨，也称寰椎。寰椎无横突和前关节面，其前面有 2 个卵圆形凹面，与头骨枕髁形成关节。

③ 荐椎　具长而扁平的横突，横突向后伸展与髂骨的前端形成关节。椎体后端有 2 个圆形小突起，与尾杆骨前端相关节。

④ 尾杆骨　是由若干尾椎骨愈合成的一细长棒状骨。其前端有 2 个凹面，与荐椎后方的两个突起形成关节。

（3）附肢骨骼　由肩带、腰带、胸骨、前肢骨和后肢骨组成（图 22-5）。

① 肩带　呈半环形，左右对称。每侧肩带包括背腹两部分，背部有上肩胛骨和肩胛骨，腹部有锁骨和乌喙骨。

上肩胛骨：位于肩背部的扁平骨。其后缘为软骨质。

肩胛骨：一端与上肩胛骨相连，另一端构成肩臼的背壁。

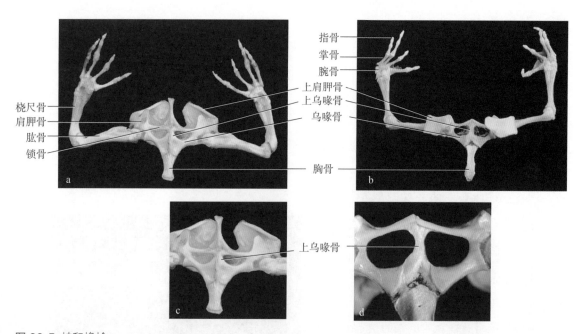

图 22-5 蛙和蟾蜍

a、c. 蛙肩带腹面观及局部放大；b、d. 蟾蜍肩带背面观及腹面观局部放大的肩带

锁骨：位于腹面前方，细棒状。

乌喙骨：位于锁骨稍后方，为较粗大的棒状骨。其外端与肩胛骨共同构成肩臼，内端与上乌喙骨相连。

上乌喙骨：位于左、右乌喙骨和锁骨之间，1 对细长形骨片，尚未完全骨化，在腹中线汇合，不能活动，称为固胸型肩带（蟾蜍的左、右上乌喙骨成弧状并互相重叠，可以活动，称为弧胸型肩带）。

② 胸骨　位于胸部的腹中线上。蛙的胸骨由一系列骨块组成，并以上乌喙骨为界，分为两部分。蟾蜍仅具 1 块胸骨。

③ 前肢骨　构成前肢上臂、前臂、腕、掌、指等 5 部的骨块（见图 22-1、图 22-5）。

肱骨：上臂的一根长棒状骨，近端圆大，嵌入肩臼形成肩关节；远端与前臂的桡尺骨形成肘关节。

桡尺骨：前臂的一根由尺骨和桡骨合并而成的长骨，骨干内外两面两骨愈合处各有一纵沟，尤以远端部分较明显。

腕骨：位于腕部的 6 枚不规则形小骨块，排成两列，每列 3 枚。

掌骨：掌部 5 根小骨，第 1 掌骨极短小，其余掌骨细长形，长度相近。

指骨：前肢 4 指，分别与第 2、3、4、5 掌骨远端形成关节。第 1、2 指各有 2 枚指骨，第 3、4 指各有 3 枚指骨。

④ 腰带　是后肢的支架，由髂骨、坐骨和耻骨 3 对骨构成，背面看呈 "V" 字形，三骨愈合处的两外侧面各形成一凹窝，称髋臼（图 22-6）。

髂骨：1 对长形骨，前端分别与荐椎的 2 个横突相连，后端与腰带其他两骨愈合，构成髋臼的前壁和部分背壁。

坐骨：位于髂骨后方。左右坐骨并合，构成髋臼的后壁和部分背壁。

耻骨：位于腰带后部的腹面。左、右耻骨愈合，构成髋臼的腹壁。

⑤ 后肢骨　构成后肢的股（大腿）、胫（小腿）、跗、跖、趾等 5 部的骨块（见图 22-1）。

股骨：为股部的一根长骨，其近端呈圆球状称为股骨头，嵌入髋臼构成髋关节，远端与胫腓骨形成关节。

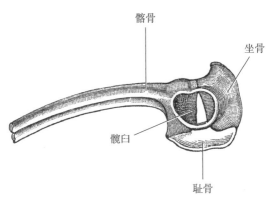

图 22-6 蟾蜍的腰带

胫腓骨：为胫部的一根长骨，骨干内外两面中间各有 1 条浅纵沟，表明此骨系由胫、腓两骨合并而成。其近端与股骨形成膝关节，远端与跗骨形成关节。

跗骨：5 枚，排成 2 列。与胫腓骨形成关节的是 1 对短棒状骨，外侧的为腓跗骨（跟骨），内侧的为胫跗骨（距骨），两骨上端愈合，下端相互靠拢。另 3 枚颗粒状，在跟骨、距骨和跖骨之间排成一横列。

跖骨：为联系跗骨和趾骨的 5 根长形骨，第 4 根最长。在第 1 跖骨内侧有一小钩状的距，又称前拇趾。

趾骨：后肢 5 趾，第 1、2 趾有 2 枚趾骨，第 3、5 趾有 3 枚趾骨，第 4 趾有 4 枚趾骨。

2. 肌肉系统观察

将牛蛙腹面向上置于解剖盘内，展开四肢。左手持镊子，夹起腹面后肢基部之间泄殖腔稍前方的皮肤，右手持剪剪开一切口，由此处沿腹中线向前剪开皮肤，直至下颌前端。然后在肩带处向两侧剪开并剥离前肢皮肤；在后肢股部做一环形切口，剥去皮肤至足部（图 22-7）。

（1）下颌表层肌肉

下颌下肌：位于下颌腹面表层的一薄片状肌肉，构成口腔底壁的主要部分。肌纤维横行于两下颌骨间，其中线处有一腱划，将它分为左右两半。

颏下肌：为一小片略呈菱形的肌肉，位于下颌的前角，其前缘紧贴下颌联合，肌纤维横行。

（2）腹壁表层主要肌肉

腹直肌：位于腹部正中幅度较宽的肌肉，肌纤维纵行，起于耻骨联合，止于胸骨。该肌被其中央纵行的结缔组织白线（腹白线）分为左、右两半，每半又被横行的 4~5 条腱划分为几节。

腹斜肌：位于腹直肌两侧的薄片肌肉，分内、外两层。腹外斜肌纤维由前背方向腹后方斜行。轻轻划开腹外斜肌可见到其内层的腹内斜肌，腹内斜肌纤维

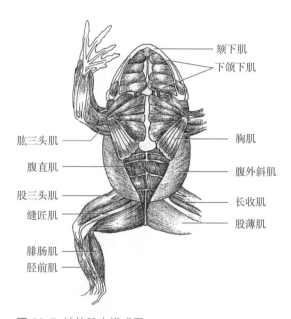

图 22-7 蛙的肌肉模式图

走向与腹外斜肌相反。

胸肌：位于腹直肌前方，呈扇形。起于胸骨和腹直肌外侧的腱膜，止于肱骨。

（3）前肢肱部肌肉

肱三头肌：位于肱部背面，为上臂最大的一块肌肉。起点有 3 个肌头，分别起于肱骨近端的上、内表面，肩胛骨后缘和肱骨的外表面，止于桡尺骨的近端。肱三头肌是伸展和旋转前臂的重要肌肉。

（4）后肢肌肉

股薄肌：位于大腿内侧，几乎占据大腿腹面的一半，可使大腿外旋和小腿伸屈。

缝匠肌：位于大腿腹面中线的狭长带状肌。肌纤维斜行，起于髂骨和耻骨愈合处的前缘，止于胫腓骨近端内侧。收缩时可使小腿外展，大腿末端内收。

股三头肌：位于大腿外侧最大的 1 块肌肉，可将标本由腹面翻到背面来观察。起点有 3 个肌头，分别起自髂骨的中央腹面、后面，以及髋臼的前腹面，其末端以共同的肌腱越过膝关节止于胫腓骨近端下方。收缩时可使小腿前伸和外展。

股二头肌：一狭条肌肉，介于半膜肌和股三头肌之间且大部分被它们覆盖。起于髂骨背面正当髋臼的上方，末端肌腱分为两部分，分别附着于股骨的远端和胫骨的近端。收缩时能使小腿屈曲和上提大腿。

腓肠肌：小腿后面最大的 1 块肌肉，是生理学中常用的实验材料。起点有大小 2 个肌头，大的起于股骨远端的屈曲面，小的起于股三头肌止点附近，其末端以一跟腱越过跗部腹面，止于跖部。收缩时使小腿屈曲和伸足。

3. 示范实验

教师用电刺激器刺激刚处死并剥皮的牛蛙的胸肌、肱三头肌、股三头肌和股二头肌、腓肠肌等肌群，演示肌肉的收缩和舒张，使学生了解肌肉、骨骼与关节的关系，以及肌群的协同和拮抗等生理活动。

4. 选做小实验——牛蛙年龄的鉴定

季节性变化可引起脊椎动物的骨骼出现周期性生长，使身体某些部位的骨骼出现疏密相间的环纹或生长停止标记，此即骨骼上的年轮。

将牛蛙第 3~4 胸椎取下，水煮后除去其上的肌肉和结缔组织，干燥之后浸入十氢化萘（$C_{10}H_{18}$）中 5~24 h，取出后清洗，然后镜检，观察椎骨关节凹盘上的年轮环带。

1个年轮由1条黑带组成，白带与黑带构成1个生长年。

也可以将第3趾取下，常规方法制作石蜡切片或磨片观察年轮。

作业

1. 按照实物绘制蛙前肢和后肢骨简图，注明后肢各部骨块的名称。

2. 根据实验观察，总结蛙对陆生生活的初步适应及其不完善性。

3. 蛙的骨骼系统表现出陆生脊椎动物所具有的哪些特征，并有哪些特化？

4. 蛙的前肢和后肢在形态结构上有何相似及不同之处？前、后肢在蛙体不同运动中各有何作用？

5. 牛蛙的下颌、腹壁和小腿主要有哪些肌肉？

拓展阅读

周本湘. 蛙体解剖学 [M]. 北京：科学出版社，1956.

KARDONG K V. Vertebrates: comparative anatomy, function, evolution [M]. 6th ed. New York: McGraw-Hill Education, 2012.

实验 23 两栖纲及爬行纲分类

实验目的　　○ 了解两栖纲及爬行纲各目及重要科的特征

　　　　　　　　○ 学习使用检索表进行分类鉴定的方法，认识两栖纲及爬行纲代表性和
　　　　　　　　　 常见的种类

实验内容　　○ 学会主要分类术语及测量方法

　　　　　　　　○ 代表性和常见的两栖纲、爬行纲动物的识别

实验材料与用品　　○ 两栖纲及爬行纲代表种的浸制标本、剥制标本

　　　　　　　　　　　○ 放大镜、解剖镜、解剖针、镊子、解剖盘、直尺和卡尺等

实验提示　　○ 绝大多数实验所用浸制和剥制标本的色彩发生了变化，与实物原有色
　　　　　　　　　彩有别，为使学生认识动物的真实形态，可结合有关录像片、幻灯片
　　　　　　　　　辅助认识相关动物

实验操作与观察

1. 两栖纲的外部形态及测量术语

（1）有尾两栖类（图 23-1）

全长：自吻端至尾末端；

头长：自吻端至颈褶或口角；

头体长：自吻端至肛门后缘；

头宽：左、右颈褶间的直线距离；

吻长：自吻端至眼前角；

鼻间距：左、右鼻孔内缘间的距离；

眼径：与体轴平行的眼径长；

眼间距：左、右上眼睑内缘之间的最窄距离；

尾长：自肛门后缘至尾末端；

尾高：尾最高处的高度；

尾宽：尾基部肛门两侧之间的最大宽度；

前肢长：前肢基部至最长指末端；

后肢长：后肢基部至最长趾末端。

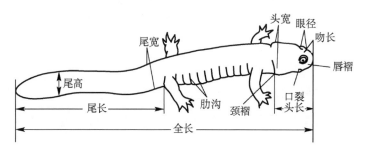

图 23-1 有尾两栖类的外形和各部的量度

（2）无尾两栖类（图 23-2）

体长：自吻端至体后端；

头长：自吻端至颌关节后缘；

头宽：左、右颌关节间的距离；

吻长：自吻端至眼前角；

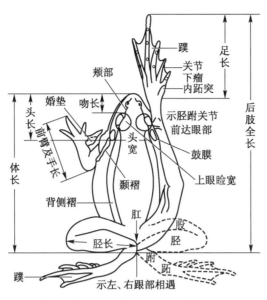

图 23-2 无尾两栖类的外形和各部的量度

鼻间距：左、右鼻孔内缘间的距离；

眼间距：左、右上眼睑内缘之间的最窄距离；

上眼睑宽：上眼睑的最大宽度；

眼径：与体轴平行的眼径长；

鼓膜宽：鼓膜的最大直径；

前臂及手长：自肘后至第 3 指末端；

后肢全长：自体后正中至第 4 趾末端；

胫长：胫部两端间的距离；

足长：自内跖突近端至第 4 趾末端。

2. 两栖纲的分类

现在生存的两栖纲动物可分为 3 个目：无足目（Apoda）、有尾目（Caudata）和无尾目（Anura）。

▶ 视频 23-1　两栖纲的分类

我国有尾目常见科检索表

1　眼小，无眼睑；犁骨齿一长列，与上颌齿平行成弧形；沿体侧有纵肤褶 ··

　　·· 隐鳃鲵科（Cryptobranchidae）

　　具眼睑；犁骨齿列不成长弧形；沿体侧无纵肤褶 ·· 2

2　犁骨齿或为二短列或成"U"字形 ··· 小鲵科（Hynobiidae）

　　犁骨齿成"∧"形 ··· 蝾螈科（Salamandridae）

　　大鲵（*Andrias davidianus*）：属隐鳃鲵科，又名娃娃鱼，是我国珍贵保护动物。为现存最大的有尾两栖动物，最长可达 200 cm 以上。头平坦，吻端圆，眼小，口裂宽大，四肢短而粗壮，前肢 4 指，后肢 5 趾。生活时为棕褐色，背面有深色大黑斑（图 23-3）。

图 23-3　大鲵

　　极北鲵（*Salamandrella keyserlingii*）：属小鲵科。体型较小，皮肤光滑，体侧的肋沟往下延伸至腹部。指、趾数均为 4，无蹼。

　　东方蝾螈（*Cynops orientalis*）：属蝾螈科。头扁吻钝，吻棱显著。四肢较长而纤弱，前肢 4 指，后肢 5 趾，指、趾末端尖出，无蹼。体背粗糙，具小疣粒。腹面朱红色，杂以棕黑色斑纹。全长不及 10 cm。

我国无尾目常见科检索表

1　舌为盘状，周围与口腔黏膜相连，不能自如伸出 ················· 铃蟾科（Bombinatoridae）

　　舌不成盘状，舌端游离，能自如伸出 ·· 2

2　肩带弧胸型 ·· 3

　　肩带固胸型 ·· 5

3　上颌无齿；趾端不膨大；趾间具蹼；耳后腺存在；体表具疣 ············· 蟾蜍科（Bufonidae）

　　上颌具齿 ·· 4

4　趾端尖细，不具黏盘 ·· 角蟾科（Megophryidae）

趾端膨大，成黏盘状 ·· 雨蛙科（Hylidae）

5　上颌无齿；趾间几无蹼；鼓膜不显 ·················· 姫蛙科（Microhylidae）

　　上颌具齿；趾间具蹼；鼓膜明显 ··· 6

6　趾端形直，或末端趾骨呈"T"字形 ···················· 蛙科（Ranidae）

　　趾端膨大呈盘状，末端趾骨呈"Y"字形 ············ 树蛙科（Rhacophoridae）

东方铃蟾（*Bombina orientalis*）：属铃蟾科。无鼓膜；瞳孔三角形；体背有刺疣，上具角质细刺。背面呈灰棕色，有时为绿色；腹面具黑色、朱红色或橘黄色的花斑（图 23-4a）。

中华蟾蜍（*Bufo gargarizans*）：属蟾蜍科。体粗壮；皮肤极粗糙，全身分布有大小不等的圆形疣。耳后腺大而长。体色变异很大（图 23-4b）。

中国雨蛙（*Hyla chinensis*）：属雨蛙科。体细瘦，皮肤光滑。第 3 趾的吸盘大于鼓膜。

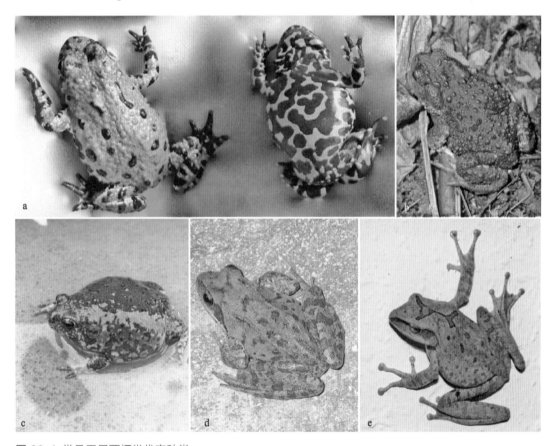

图 23-4 常见无尾两栖类代表种类

a. 东方铃蟾（背、腹面）；b. 中华蟾蜍；c. 北方狭口蛙；d. 中国林蛙；e. 斑腿泛树蛙

生活时为绿色，肩部具三角形黑斑，体侧及股的前、后缘均具有黑斑。

北方狭口蛙（*Kaloula borealis*）：属姬蛙科。皮肤厚而光滑。头和口小，吻圆而短，鼓膜不显。前肢细长，后脚粗短，趾间无蹼（图 23-4c）。

黑斑侧褶蛙（*Pelophylax nigromaculatus*）：属蛙科，俗称青蛙。背面具侧皮褶；两足跟不互交。生活时背面为黄绿色或棕灰色，具不规则的黑斑。背面中央有 1 条宽窄不一的浅色纵纹。背侧褶处黑纹浅，为黄色或浅棕色。

中国林蛙（*Rana chensinensis*）：属蛙科。背面具侧皮褶。两后肢细长，两足跟可互交。在鼓膜处有黑色三角形斑，体背及体侧具分散的黑斑点，四肢具清晰的横纹（图 23-4d）。

牛蛙（*Lithobates catesbeianus*）：属蛙科。体型特大，体长可达 20 cm。背棕色，皮肤较光滑。鼓膜大。原产于北美洲，很多国家引入进行人工养殖。

斑腿泛树蛙（*Polypedates megacephalus*）：属树蛙科。雌蛙大于雄蛙。皮肤背面光滑，吻棱和鼓膜显著，大腿后方有网状花斑，指吸盘较趾吸盘大（图 23-4e）。

3. 爬行纲的分类

现在生存的爬行纲动物可分为喙头目（Rhynchocephalia）、龟鳖目（Testudines）、有鳞目（Squamata）和鳄目（Crocodylia）。喙头目仅见于新西兰。

▶ 视频 23-2　爬行纲的分类

（1）龟鳖目

我国龟鳖目常见科检索表

1　附肢无爪；背甲无角质甲，而被以软皮，并具有 7 条纵棱；大型；海产 ………………
　　……………………………………………………………………… 棱皮龟科（Dermochelyidae）

　　附肢至少各具 1 爪；背甲纵棱至多 3 条，或不具棱 ………………………………………… 2

2　背腹甲外被角质盾片 ………………………………………………………………………… 3

　　背腹甲外被革质皮肤 …………………………………………………………… 鳖科（Trionychidae）

3　附肢呈桨状；趾不明显，仅具 1~2 爪；大型；海产 ………………………海龟科（Cheloniidae）

　　附肢不呈桨状；趾明显，具 4~5 爪；非海产 ……………………………………………… 4

4　头大，不能缩进龟壳内；头背面被 1 块大型盾片整个覆盖；尾长 …………平胸龟科（Platysternidae）

　　头较小，能缩进龟壳内；头背面不被整块盾片覆盖；尾短 …………………………………… 5

5　头背面被成对的鳞片；四肢短粗，圆柱形；无蹼 ………………………… 陆龟科（Testudinidae）

　　头背面无成对的鳞片；四肢较长，扁平；有蹼 ……………………………… 地龟科（Geoemydidae）

玳瑁（*Eretmochelys imbricata*）：属海龟科。吻侧扁，上颌钩曲，下颌边缘光滑。前额鳞2对，幼时背甲盾片覆瓦状排列。四肢具2爪（图23-5a）。

绿海龟（*Chelonia mydas*）：属海龟科。吻不侧扁，上颌不钩曲，下颌边缘锯齿状。前额鳞1对，背甲盾片平铺排列。四肢具1爪（图23-5b）。

平胸龟（*Platysternon megacephalum*）：属平胸龟科。头大、尾长，均不能缩进龟壳内。头背面被整块的角质盾片覆盖。上颌角质缘钩状。趾间有蹼（图23-5c）。

图 23-5 常见龟鳖类代表种类

a. 玳瑁；b. 绿海龟；c. 平胸龟；d. 缅甸陆龟；e. 乌龟

缅甸陆龟（*Indotestudo elongata*）：属陆龟科。背甲高度隆起，黄色具黑斑。头背面被覆成对的大鳞。四肢粗壮，圆柱形。无蹼，爪钝（图 23-5d）。

乌龟（*Mauremys reevesii*）：属地龟科，又名草龟。头颈后部被以细颗粒状的皮肤；背甲有 3 条纵走的棱嵴。指、趾间全蹼（图 23-5e）。

中华鳖（*Pelodiscus sinensis*）：属鳖科，又名甲鱼。背腹甲不具角质盾片，而被以革质皮肤，背腹甲不直接相连，具肉质裙边。

（2）有鳞目　此目分为蜥蜴亚目（Lacertilia）和蛇亚目（Serpentes），主要区别如表 23-1 所示。

表 23-1　蜥蜴亚目和蛇亚目比较

特征	蜥蜴亚目	蛇亚目
附肢	大都存在	几乎完全退化
眼	通常具活动眼睑	不具活动眼睑
下颌骨	左、右互相固着	左、右以韧带相连
鼓膜、鼓室及咽鼓管	通常存在	均不发达
胸骨	有	无

我国蜥蜴亚目常见科检索表

1　头背面无大型成对的鳞片 ……………………………………………………………… 2

　　头背面有大型成对的鳞片 ……………………………………………………………… 5

2　趾端扩大；大多无活动眼睑 ……………………………………壁虎科（Gekkonidae）

　　趾侧扁，末端不扩大；有活动眼睑 …………………………………………………… 3

3　舌长，呈二深裂状；背鳞呈粒状；大型 …………………………巨蜥科（Varanidae）

　　舌短，前端稍凹；中、小型 …………………………………………………………… 4

4　尾背面具 2 行纵棱 …………………………………………………鳄蜥科（Shinisauridae）

　　尾背面不具纵棱或仅有单行正中背棱 …………………………鬣蜥科（Agamidae）

5　无附肢 …………………………………………………………………蛇蜥科（Anguidae）

　　有附肢 ………………………………………………………………………………… 6

6　腹鳞方形；有股窝或鼠蹊窝 …………………………………………蜥蜴科（Lacertidae）

　　腹鳞圆形；无股窝或鼠蹊窝 …………………………………………石龙子科（Scincidae）

中国壁虎（*Gekko chinensis*）：属壁虎科，又名守宫。趾端腹面具由皮肤褶皱特化形成的趾下瓣；瞳孔垂直，不具活动眼睑；身体被以细小的颗粒状鳞片（图 23-6a）。

山地麻蜥（*Eremias brenchleyi*）：属蜥蜴科。背鳞不具棱；股窝 7 个或更多；背鳞小，颗粒状；背面有成列的白色圆斑（图 23-6b）。

黄纹石龙子（*Plestiodon capito*）：属石龙子科。体鳞圆而光滑；背面有明显的浅黄色纵纹（图 23-6c）。

变色树蜥（*Calotes versicolor*）：属鬣蜥科。鬣鳞发达；背鳞大小一致，排列整齐；尾长达体长 2 倍；雄性繁殖期体色鲜艳多变（图 23-6d）。

图 23-6 常见蜥蜴亚目代表种类

a. 中国壁虎（右下示趾）；b. 山地麻蜥；c. 黄纹石龙子；d. 变色树蜥

我国蛇亚目常见科检索表

1　头、尾与躯干部的界线不明显；眼隐于鳞下；身体背、腹面均被有相似的圆鳞 …… 盲蛇科（Typhlopidae）

　　头、尾与躯干部的界线分明；眼显露；鳞片多为长方形 ……………………………………… 2

2　头三角形，头背面鳞片细小，上颌骨短而高，具能竖起的管状毒牙 ……………… 蝰科（Viperidae）

　　头背面被少数大型成对鳞片，上颌骨平直，毒牙若存在时恒久竖起 ………………………… 3

3　前方上颌牙后缘不具沟 …………………………………………………………………… 4

　　前方上颌牙为后缘具沟的毒牙 ……………………………………………… 眼镜蛇科（Elapidae）

4　后肢退化为距状爪 …………………………………………………………… 蟒科（Pythonidae）

　　后肢无遗迹 ………………………………………………………………… 游蛇科（Colubridae）

　　蟒（*Python bivittatus*）：属蟒科。大型无毒蛇；身体背面和侧面具大斑纹；有明显的残留后肢痕迹；吻鳞和上唇鳞具唇窝（图23-7a）。

　　赤链蛇（*Lycodon rufozonatus*）：属游蛇科。背面为黑红交错的横斑，腹面橙黄色（图23-7b）。无毒蛇。

　　黑眉锦蛇（*Elaphe taeniura*）：属游蛇科。体青绿色；体背前段有黑色梯纹，腹部具明

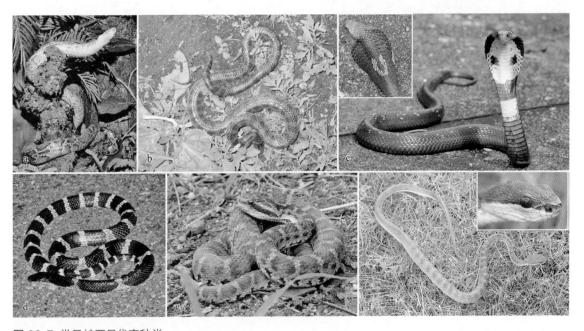

图 23-7 常见蛇亚目代表种类

a. 蟒；b. 赤链蛇；c. 舟山眼镜蛇；d. 银环蛇；e. 华北蝮；f. 白唇竹叶青蛇

显黑斑；两眼后方有黑条纹。无毒蛇。

舟山眼镜蛇（*Naja atra*）：属眼镜蛇科。颈部能扩大，背面呈现眼状斑（图23-7c）。毒蛇。

银环蛇（*Bungarus multicinctus*）：属眼镜蛇科。背鳞扩大为六角形；体表具黑白相间的环纹（图23-7d）。毒蛇。

华北蝮（*Gloydius stejnegeri*）：属蝰科。头背面被成对鳞片；眼与鼻孔间具颊窝。尾骤然变细。体呈灰褐色，具浅褐色斑纹（图23-7e）。毒蛇。

白唇竹叶青蛇（*Trimeresurus albolabris*）：属蝰科。头背面被细小鳞片（无大型成对鳞片），具颊窝。颈部细。周身绿色，尾橙红色（图23-7f）。毒蛇。

（3）鳄目　体型大；头扁平，鼻孔和眼均位于头背面；背、腹覆盖长方形大鳞，背部鳞片下有骨板；尾长而粗壮，末端侧扁。

扬子鳄（*Alligator sinensis*）：吻钝圆；下颌第4齿嵌入上颌的凹陷内；前肢5指，后肢4趾（图23-8）。

图 23-8　扬子鳄

作业

总结两栖纲及爬行纲各目的分类特征。

拓展阅读

费梁，叶昌媛，江建平，等. 中国两栖动物检索及图解 [M]. 成都：四川科学技术出版社，2005.

赵尔宓. 中国蛇类（上、下卷）[M]. 合肥：安徽科学技术出版社，2005.

实验 24　家鸽解剖

实验目的
- ○ 通过对家鸽骨骼系统的观察，认识鸟类骨骼系统的基本结构和特化现象，以及其适应飞翔生活的主要特征
- ○ 掌握解剖鸟类的方法，认识鸟类身体基本结构及各系统的基本特征

实验内容
- ○ 家鸽整体骨骼的观察
- ○ 家鸽的解剖和内部器官观察

实验材料与用品
- ○ 家鸽整体骨骼标本、活家鸽
- ○ 解剖盘、解剖器、镊子、洗耳球、乙醇、乙醚、脱脂棉、普通光学显微镜等

实验提示
- ○ 也可用活家鸡或家鸡骨骼标本代替家鸽进行实验。若有条件可同时观察家鸽与家鸡
- ○ 在骨骼系统、外形和内脏的观察中，要紧密联系鸟类适应飞翔生活的特征和功能

实验操作与观察

1. 家鸽骨骼系统的观察（图 24-1）

（1）脊柱　分为颈椎、胸椎、腰椎、荐椎和尾椎。鸟类的大部分躯干和尾椎骨已经愈合，使其背部更为坚强而便于飞翔。

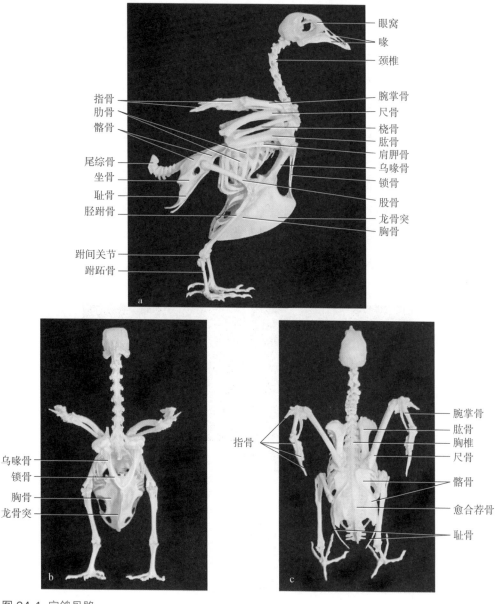

图 24-1　家鸽骨骼

a. 侧面观；b. 正面观；c. 背面观

颈椎：14 枚，第 1、2 颈椎特化为寰椎（图 24-2a）与枢椎（24-2b）。取单个颈椎（寰椎与枢椎除外）观察椎体与椎体之间的关节面（图 24-2c，d）。

[?] 关节上面和侧面有何不同？鸟类的颈椎为何种形状？有何功能？

胸椎：5 枚胸椎相互愈合，每一胸椎与一对肋骨相关节。

[?] 鸟类与鱼类的肋骨相比有何区别？

愈合荐骨（综荐骨）：由胸椎（1 枚）、腰椎（5~6 枚）、荐椎（2 枚）、尾椎（5 枚）愈合而成。

尾椎：在愈合荐骨的后方有 6 枚分离的尾椎骨。

尾综骨：位于脊椎的末端，由 4 枚尾椎骨愈合而成。

（2）头骨　鸟类头部的骨骼由轻而薄的骨片愈合成一整体组成，薄而轻，具有单一枕髁。头骨的两侧中央有大而深的眼眶。眼眶后方有耳孔。上颌与下颌向前延伸形成喙，不具牙齿。

（3）肩带、前肢及胸骨

① 肩带　由肩胛骨、乌喙骨及锁骨组成，分为左、右两部，在腹面与胸骨连接。

肩胛骨：细长，呈片状，位于胸廓的背方，与脊柱平行。

乌喙骨：粗壮，在肩胛骨的腹方，与胸骨连接。

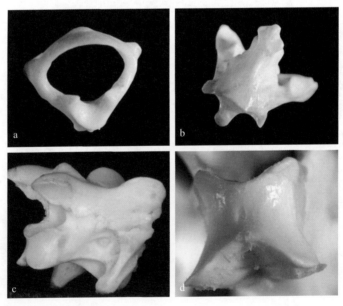

图 24-2　家鸽的颈椎

a. 寰椎；b. 枢椎；c. 颈椎；d. 颈椎椎体

锁骨：细长，在乌喙骨之前，左、右锁骨在腹端愈合成 1 个"V"字形的叉骨。生活时上端与乌喙骨相连，下端由韧带与胸骨相连。

[?] 叉骨为鸟类特有，有何功能？

肩臼：由肩胛骨和乌喙骨形成的关节凹，与肱骨相关节。

② 前肢　由肱骨、尺骨、桡骨、腕掌骨、指骨等骨骼组成，注意其腕掌骨愈合及指骨退化的特点。

③ 胸骨　为躯干部前方正中宽阔的骨片，左、右两缘与肋骨联结，腹中央有 1 个纵行的龙骨突。

（4）腰带及后肢

① 腰带　由髂骨、耻骨、坐骨组成。髂骨构成前部，坐骨构成后部，耻骨细长，位于坐骨的腹缘。骨盆开放型。

② 后肢　由股骨、胫跗骨、腓骨、跗跖骨、趾骨组成。跗骨与胫骨、跖骨分别愈合成胫跗骨与跗跖骨，两骨间的关节为跗间关节。

2. 家鸽内部解剖

在解剖实验动物之前，应先进行外形观察。家鸽（或家鸡）具有纺锤形的躯体，全身分为头、颈、躯干、尾和附肢 5 部分（图 24-3）。除喙和跗跖部具角质覆盖物以外，全身被覆羽毛。注意观察正羽、绒羽、纤羽的区别。头前端有喙，家鸽上喙基部的皮肤隆起称蜡膜。上喙基部两侧各有 1 个外鼻孔。眼具活动的眼睑及半透明的瞬膜。眼后有被羽毛覆盖的外耳孔。前肢特化为翼。请你数一数翼上初级飞羽、次级飞羽的数目（图 24-4）。

[?] 用力弯曲后肢的跗间关节，观察足趾有何变化，为什么？在尾的背面有尾脂腺，有何功能？

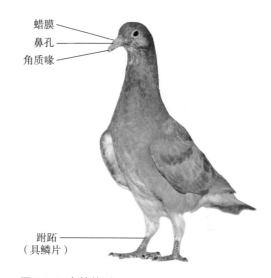

蜡膜
鼻孔
角质喙

跗跖
（具鳞片）

图 24-3 家鸽外形

初级飞羽
次级飞羽

图 24-4 家鸽的翼

观察完外形，对家鸽进行解剖。

将家鸽放入解剖盘中，腹部朝上，用水打湿腹部的羽毛并清除。在清除颈部的羽毛时要特别小心，要顺着羽毛方向拔，此处嗉囊皮肤薄，以免将皮肤撕破。沿龙骨突切开皮肤，切口前至嘴基，后至泄殖腔。用解剖刀钝端剥离皮肤。剥离皮肤后，沿着龙骨的两侧及叉骨的边缘，切开胸大肌和胸小肌（图24-5）。然后沿着胸骨与肋骨连接的地方用骨剪剪断肋骨，将乌喙骨与叉骨联结处用骨剪剪断，摘除胸骨与乌喙骨，即可看到家鸽的内脏器官。

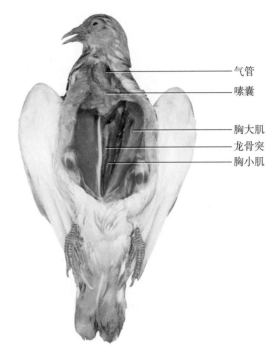

图 24-5 家鸽的胸大肌和胸小肌

（1）消化系统　鸟类的消化能力强，消化过程迅速，与鸟类的活动性强、新陈代谢旺盛相适应。鸟类的消化系统主要包括如下结构（图24-6）。

① 消化管

口腔：舌位于口腔内，前端呈箭头状。口腔顶部有内鼻孔。口腔后部为咽部。

食管：为食物的运输通道，沿颈的腹面左侧下行，在颈的基部膨大成嗉囊。嗉囊可储存食物和软化食物。

胃：由腺胃和肌胃组成。腺胃上端与嗉囊相连，呈长纺锤形。剪开腺胃观察内壁上丰富的消化腺。肌胃又称砂囊，上连腺胃，位于肝的左叶后缘，为一扁圆形的肌肉囊。剖开肌胃，检视呈辐射状排列的肌纤维。肌胃胃壁厚硬，内壁覆有硬的角质膜，呈黄绿色。肌胃内藏砂粒，用以碾碎食物。

十二指肠：位于腺胃和肌胃的交界处，呈"U"字形弯曲（在此弯曲的肠系膜内，有胰着生）。寻找连接十二指肠的胰管。

小肠：细长，盘曲于腹腔内，后端与直肠相连。

直肠（大肠）：短而直，末端开口于泄殖腔。在其与小肠的交界处，有1对豆状的盲肠。鸟类的直肠较短，不能储存粪便。

② 消化腺　观察家鸽（或家鸡）的肝叶数目。注意家鸽不具有胆囊。在肝的右叶背

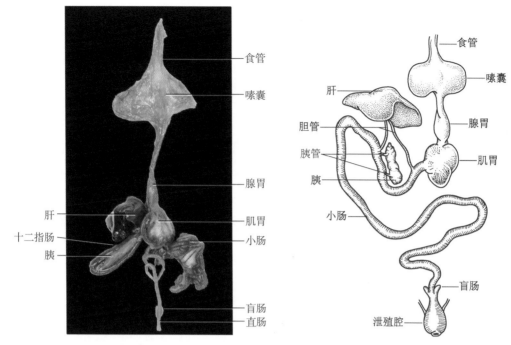

图 24-6 家鸽消化系统

面有一深的凹陷,自此处伸出两支胆管注入十二指肠。

(2) 呼吸系统　鸟类的呼吸系统十分特化,表现在具有非常发达的气囊系统与肺部相连,观察家鸽与两栖类肺的结构有何区别。

外鼻孔:开口于上喙基部(家鸽的外鼻孔位于蜡膜的前下方)。

内鼻孔:位于口顶中央的纵走沟内。

喉:位于舌根之后,中央的纵裂为喉门。

气管:一般与颈同长,以完整的软骨环支持。在左、右气管分叉处有一较膨大的鸣管,是鸟类特有的发声器官。

肺:左、右两叶。位于胸腔的背方,为 1 对弹性较小的实心海绵状器官。

气囊:与肺连接的数对膜状囊,分布于颈、胸、腹和骨骼的内部。家鸽共具 9 个气囊。将洗耳球前端插入喉门并充气,可见腹部两侧的腹气囊膨胀。

[?] 鸟类双重呼吸的方式有何特点?

(3) 循环系统　鸟类具有完善的双循环,动、静脉血完全分流。

心脏:心脏体积大,具 4 腔。用镊子拉起心包膜,然后以小剪刀纵向剪开。从心脏的背侧和外侧除去心包膜,前面褐红色的扩大部分为心房,后面颜色较浅的为心室。

动脉：靠近心脏的基部，将余下的心包膜、结缔组织和脂肪清理出去，暴露出来两条较大的灰白色的无名动脉。无名动脉分出颈动脉、锁骨下动脉、肱动脉和胸动脉，分别进入颈部、前肢和胸部。用镊子轻轻提起右侧的无名动脉，将心脏略往下拉，可见右体动脉弓走向背侧后，转变为背大动脉后行，沿途发出许多血管到有关器官。再将左、右无名动脉略略提起，可见下面的肺动脉分成两支后，绕向背后侧而到达肺。

静脉：在左、右心房的前方可见到两条粗而短的静脉干，为前大静脉，入右心房。前大静脉由颈静脉、肱静脉和胸静脉汇合而成。将心脏翻向前方，可见 1 条粗大的由肝右叶前缘通至右心房的后大静脉。

从实验观察中可见静脉窦退化，体动脉弓只留下右侧的 1 支。动、静脉血完全分开，建立了完善的双循环。

[?] 循环系统的这些特点与鸟类的飞翔生活方式有何联系?

(4) 泄殖系统 (图 24-7)

① 排泄系统

肾：后肾，紫褐色，左、右成对，各分成 3 叶，贴近于体腔背壁。

输尿管：沿体腔腹面下行，通入泄殖腔。鸟类不具膀胱。

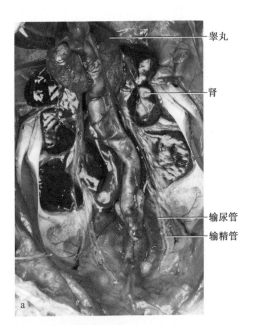
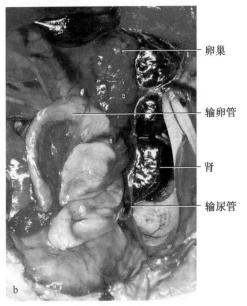

图 24-7 家鸽泄殖系统

a. 雄性；b. 雌性

泄殖腔：将泄殖腔剪开，可见到腔内具 2 横褶，将泄殖腔分为 3 室。前面较大的为粪道，直肠即开口于此；中间为泄殖道，输精管（或输卵管）及输尿管开口于此；最后为肛道。

② 生殖系统　各组家鸽性别不同，可交换观察。

雄性：具成对的白色睾丸。从睾丸伸出输精管，与输尿管平行进入泄殖腔。多数鸟类不具外生殖器。

雌性：右侧卵巢退化；左侧卵巢内充满卵泡；有发达的输卵管。输卵管前端借喇叭口通体腔；后方弯曲处的内壁富有腺体，可分泌蛋白并形成卵壳；末端短而宽，开口于泄殖腔。

3. 示范实验

观察鸟类气囊与肺的示范标本。

4. 选做小实验——鸟类正羽结构的观察

取 1 枚大覆羽，将其置于 95% 乙醇和乙醚（1 : 1）混合液中脱脂 30 ~ 40 min，再用无水乙醇脱水 40 min，自然晾干，然后将其置于载玻片上，用镊子划开一侧的羽片，分离出一些羽支，在普通光学显微镜下可见羽片由一系列斜着排列的平行羽支所构成，羽支上又斜生着平行的羽小支。羽小支具羽小钩。羽小钩相互钩节后羽支排列整齐。

作业

1. 绘制正羽的基本结构图。

2. 鸟类扇翅运动的肌肉主要是哪些？其功能是什么？

3. 鸟类有多少气囊，主要分布在什么位置，有何功能？

4. 试述鸟类在骨骼系统上有哪些适应飞翔生活的特点。

拓展阅读

郑光美 . 鸟类学 [M]. 2 版 . 北京：北京师范大学出版社，2012.

KARDONG K V. Vertebrates: comparative anatomy, function, evolution [M]. 6th ed. New York: McGraw-Hill Education, 2012.

实验 25　鸟纲分类

实验目的　　　◌ 了解鸟类的主要分类特征及重要类群，认识本地常见鸟类

　　　　　　　　◌ 掌握鸟类的分类方法，学习使用检索表

实验内容　　　◌ 学会常用鸟体测量术语、分类有关术语和分类检索

　　　　　　　　◌ 代表种的识别

实验材料与用品　◌ 鸟类假剥制标本和陈列标本

　　　　　　　　◌ 卡尺、卷尺和放大镜等

实验提示　　　◌ 要爱护实验标本，轻拿轻放，不要扯动标本的颈部、翅膀及腿部

　　　　　　　　◌ 教师对于分类检索中所遇到的形态特征及观察上的难点，可结合图片
　　　　　　　　　进行讲解

实验操作与观察

1. 常用鸟体测量术语（图 25-1）

体长：自嘴端至尾端的长度（剥制前的量度）。

嘴峰长：自嘴基生羽处至上喙先端的直线距离（具蜡膜的不包括蜡膜）。

翼长：自翼角（腕关节）至最长飞羽先端的直线距离。

尾长：自尾羽基部至最长尾羽末端的长度。

跗跖长：自跗间关节的中点，至跗跖与中趾关节前面最下方的整片鳞下缘。

体重：标本采集后所称量的质量。

2. 分类有关术语（图 25-2）

（1）翼

飞羽：初级飞羽（着生于腕掌骨和指骨）、次级飞羽（着生于尺骨）。

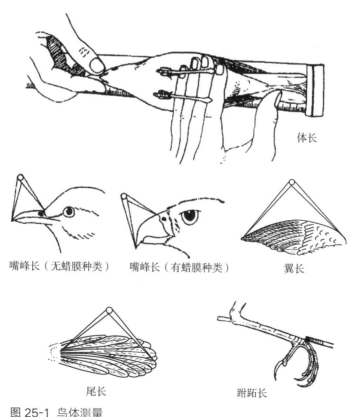

图 25-1 鸟体测量

覆羽（覆于翼的背、腹两面）：初级覆羽、次级覆羽（分大、中、小 3 种）。

小翼羽（位于翼角处）：着生于第 1 枚指骨，短而坚韧。

（2）后肢（股、胫、跗跖及趾等部）

① 跗跖部　位于胫部与趾部之间，或被羽，或着生鳞片。鳞片的形状可分为以下几种。

盾状鳞：呈横鳞状。

网状鳞：呈网眼状。

靴状鳞：呈整片状。

② 趾部　通常为 4 趾，依其排列的不同，可分为以下各种（图 25-3）。

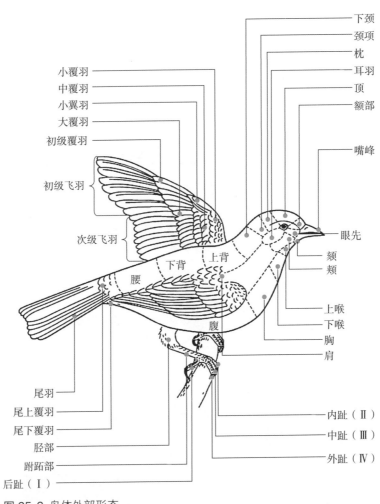

图 25-2　鸟体外部形态

常态足（麻雀）　　常态足（大鸳）　　对趾足（啄木鸟）　　异趾足（咬鹃）　　并趾足（翠鸟）　　前趾足（雨燕）

图 25-3 鸟类的趾模式图

不等趾型（常态足）：3 趾向前，1 趾向后。

对趾型：第 2、3 趾向前，1、4 趾向后。

异趾型：第 3、4 趾向前，1、2 趾向后。

转趾型：与不等趾型相似，但第 4 趾可转向后。

并趾型：似不等趾型，但前 3 趾的基部并连。

前趾型：4 趾均向前方。

离趾型：属不等趾型，但各前趾基部清晰分离，后趾强大，适于握枝，大多数雀形目鸟类所有。

③ 蹼　大多数水禽及涉禽具蹼，可分为以下几种（图 25-4）。

蹼足：趾间具蹼膜的足的统称。

凹蹼足：与蹼足相似，但蹼膜向内凹入。

全蹼足：4 趾间均有蹼膜相连。

半蹼足：蹼退化，仅在趾间基部存留。

瓣蹼足：趾两侧附有叶状蹼膜。

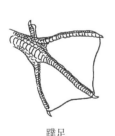  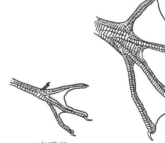

蹼足　　　　瓣蹼足　　　　凹蹼足　　　　半蹼足　　　　全蹼足

图 25-4 鸟类的蹼模式图

3. 鸟类标本检索

我国鸟类常见目检索表

1 足适于游泳，蹼发达；或腿长，胫下部裸出，适于涉水 ································· 2

  足适于步行或树栖，无脚蹼 ··· 8

2 喙通常平扁，先端具嘴甲；雄性具交接器 ······················· 雁形目（Anseriformes）

  喙不平扁；雄性不具交接器 ··· 3

3 尾羽甚短；跗跖后缘侧扁 ···································· 䴙䴘目（Podicipediformes）

  尾羽发达；跗跖后缘不侧扁 ··· 4

4 上喙具鼻沟 ·· 5

  上喙不具鼻沟 ·· 7

5 足具常态蹼；如蹼不发达则后趾也不发达或退化 ··············· 鸻形目（Charadriiformes）

  足具全蹼；如蹼不发达则后趾发达 ··· 6

6 翅尖长，尾羽较长 ··· 鲣鸟目（Suliformes）

  翅宽阔，尾羽较短 ·· 鹈形目（Pelecaniformes）

7 后趾发达，与前趾在同一平面上；眼先裸出 ···················· 鹳形目（Ciconiiformes）

  后趾不发达或完全退化，存在时较前趾稍高；眼先常被羽 ············ 鹤形目（Gruiformes）

8 喙基部具蜡膜 ·· 9

  喙基部不具蜡膜 ·· 12

9 喙、爪平直或稍曲；喙端部膨大 ······························ 鸽形目（Columbiformes）

  喙、爪均尖锐而显著弯曲 ··· 10

10 蜡膜被硬须掩盖；两眼向前；外趾能反转；尾脂腺裸出 ············· 鸮形目（Strigiformes）

   蜡膜裸出；两眼侧位；尾脂腺被羽 ·· 11

11 上喙缘具单齿突，鼻孔中央有骨质棒 ···························· 隼形目（Falconiformes）

   上喙缘具垂状突或双齿突，鼻孔中央无骨质棒 ···················· 鹰形目（Accipitriformes）

12 喙短阔而平扁；足前趾型或后趾短弱而中趾爪具栉缘 ············ 夜鹰目（Caprimulgiformes）

   喙和足不成上列形态 ··· 13

13 足呈对趾型 ·· 14

   足不呈对趾型 ·· 15

14 喙强直呈凿状；尾羽通常坚挺尖出 ······························ 啄木鸟目（Piciformes）

   喙端稍曲，不呈凿状；尾羽正常 ······························· 鹃形目（Cuculiformes）

4. 代表种类观察

▶ 视频 25-1　鸟纲的分类

依实验室准备的常见鸟类标本，逐一观察下列各目鸟类及代表种。

（1）鸡形目　适于陆栖步行，后肢健壮，爪强钝，便于掘土觅食，雄性有距。上喙弓形，利于啄食。翼短圆，不善飞翔。雄性色艳，雌雄易辨。

环颈雉（*Phasianus colchicus*）：雄鸟具有鲜明的紫绿色颈部，且有显著的白环纹，尾羽长，具横纹。雌鸟羽色不鲜艳，不具绿颈及白环纹，背面为灰色、栗紫和黑色相杂，尾羽不长（图25-5a）。

鹌鹑（*Coturnix japonica*）：体型小，头小翼短，通体褐色，杂以淡黄色斑（图25-5b）。

（2）雁形目　大中型游禽。喙扁，边缘有栉状突起（可滤食），喙端部具嘴甲；前3趾具蹼，翼上常有绿色、紫色或白色的翼镜。

绿头鸭（*Anas platyrhynchos*）：雌雄异色，雄鸭头、颈黑绿色，有金属光泽，颈下部有白环，胸部栗色，翼镜紫色，上、下有白边，体羽大体灰褐色；雌鸭棕褐色（图25-5c）。

豆雁（*Anser fabalis*）：上体褐色，羽毛大多具浅色羽缘，尾上覆羽部分白色，下体白色；喙黑色，近先端有一黄斑，喙比头短（图25-5d）。

（3）䴙䴘目　体型中等大，趾具分离的瓣蹼；后肢极度靠后；羽衣松软；尾羽短，全为绒羽，是善于游泳及潜水的游禽。

小䴙䴘（*Tachybaptus ruficollis*）：体羽灰褐色，后脚位于身体后部，具瓣蹼（图25-5e）。

（4）鸽形目　陆禽。喙短，基部大多柔软，鼻孔被蜡膜；腿、脚红色，4趾位于一个平面。

珠颈斑鸠（*Streptopelia chinensis*）：雌雄体色相似。额顶部灰色，后颈有明显的珠状斑，上体褐色，下体粉红色，外侧尾羽先端白色（图25-5f）。

（5）夜鹰目　中小型攀禽，足为前趾型或并趾型；口宽阔，边缘具成排的硬毛状须。飞行能力强，体色大多较暗淡。

普通夜鹰（*Caprimulgus indicus*）：喙短阔，最外侧尾羽具白斑。体羽灰褐色，杂以黑色斑纹，似树皮色（图25-5g）。

普通雨燕（*Apus apus*）：又名北京雨燕、楼燕。体形似家燕而稍大，翼窄而长，折叠时超过尾端。体羽黑褐色（图25-5h）。

（6）鹃形目　对趾型；外形似隼，但嘴不具钩；攀禽。许多种类为寄生性繁殖。

大杜鹃（*Cuculus canorus*）：翼较长，翼缘白，具褐色横斑，腹部横斑较细（图25-5i）。

（7）鹤形目　除少数种类外，概为涉禽。腿、颈、喙多较长，胫下部裸出，后趾退化，如具后趾，则高于前3趾（4趾不在同一平面上）；不具蹼或具瓣蹼，眼先大多被羽。

丹顶鹤（*Grus japonensis*）：身体高大，体羽大部为白色；头顶皮肤裸露，呈朱红色，似肉冠状，故称丹顶鹤（图25-5j）。

图25-5　鸟类代表种类（Ⅰ）

白骨顶（*Fulica atra*）：全身近黑色，头顶至喙有一块白斑。趾具瓣蹼（图 25-5k）。

（8）鸻形目　中小型涉禽。体多为沙土色（鸻鹬类）或灰白色（鸥类），有保护色作用。翅尖，善飞；脚具常态蹼，如蹼不发达则后趾也不发达或退化。

金眶鸻（*Charadrius dubius*）：小型涉禽。无后趾；喙基、前头、眼先、眼下缘到耳区等处有黑色环带；前胸上背具黑色环带（图 25-5l）。

白腰草鹬（*Tringa ochropus*）：小型涉禽。额、顶、后颈、背和肩呈橄榄褐色，有古铜色光泽；肩和背具白斑，体其他部分羽色大都为黑褐色，也具白斑（图 25-5m）。

红嘴鸥（*Chroicocephalus ridibundus*）：中等体型的游禽，飞羽灰色，胸腹部大都为白色；繁殖期喙和足都为红色（图 25-5n）。

（9）鹳形目　大中型涉禽，多具长颈、长腿，喙长且粗壮，眼先多裸露。

东方白鹳（*Ciconia boyciana*）：大型白色鸟类，两翼及喙黑色。胫部、跗跖部、足及眼周裸皮红色（图 25-5o）。

（10）鹈形目　大型涉禽。颈、喙及腿均较长，上喙具鼻沟，翅宽阔，尾羽较短。喙强大。

卷羽鹈鹕（*Pelecanus crispus*）：体形甚大，嘴平扁，喉囊大并直达喙的全长（图25-5p）。

苍鹭（*Ardea cinerea*）：为较大型的鸟类。头、颈白色，冠羽黑色，上体灰色，下体白色，但颈下部胁部有黑色；胫跗部的裸出部分较后趾长（不包括爪）（图25-5q）。

（11）鲣鸟目　大中型游禽。在之前的分类系统中置于鹈形目之下，喙较长，尾羽较长。

普通鸬鹚（*Phalacrocorax carbo*）：全身黑色，肩和翼具青铜色光泽。繁殖时期，头颈部杂有白色（图25-6a）。

（12）鹰形目　大中型猛禽。上喙侧缘具垂状突或双齿突，多为日行性。喙、爪锋利而强健。

黑鸢（*Milvus migrans*）：全身大都暗褐，翼下各具一白斑，尤其高翔时更明显；尾羽呈叉状（图25-6b）。

图 25-6　鸟类代表种类（Ⅱ）

胡兀鹫（*Gypaetus barbatus*）：大型食腐性猛禽。头和胸腹部棕黄色，背部、两翼和尾羽黑褐色，尾较长，呈楔形，颏部具显著的黑色胡须状羽毛，由此得名（图 25-6c）。

（13）鸮形目　夜行性猛禽。足外趾向后转为对趾型足，称转趾型；眼大向前，多数具面盘；耳孔大且具耳羽。喙、爪坚强弯曲。羽毛柔软，飞行无声。

长耳鸮（*Asio otus*）：耳羽长而显著；体背面羽橙黄色，具褐色纵纹及杂斑，腹羽杂有纵斑纹（图 25-6d）。

（14）犀鸟目　大中型攀禽。上喙背缘具盔状突；或头具发达的冠羽且喙细长而弯曲。

戴胜（*Upupa epops*）：喙细长，向下弯曲，具扇形冠羽。体羽背部淡褐色，翼和尾为黑色而带有白色横斑（图 25-6e）。

（15）佛法僧目　中小型攀禽，营洞巢。足呈并趾型。喙长而直，有些种类的喙弯曲。

普通翠鸟（*Alcedo atthis*）：小型鸟。喙长直；翼短形圆，尾短，体为翠蓝色。食鱼鸟类（图 25-6f）。

（16）啄木鸟目　中小型攀禽。足为对趾型；喙长直而有力，形似凿；尾羽轴坚硬而富有弹性。

灰头绿啄木鸟（*Picus canus*）：无羽冠，上体绿色，下体灰色，无纵纹；雄性头顶红色（图 25-6g）。

大斑啄木鸟（*Dendrocopos major*）：上体背面黑色，带有白色斑点，腹部褐色，尾基腹面红色；雄性头后红色（图 25-6h）。

（17）隼形目　猛禽，昼间活动。喙弯曲，上喙缘具单齿突。足强健有力，爪锐利，为捕食利器，飞翔力强，视力敏锐。雌鸟较雄鸟体大。

红脚隼（*Falco amurensis*）：小型猛禽。雄鸟背羽灰色，翼下覆羽白色，腿脚红色；雌鸟稍大，下体多斑纹，跗跖及足黄色（图 25-6i）。

（18）雀形目　为种类最多的一个目。鸣管、鸣肌复杂，善鸣啭，故又称鸣禽类。足趾 3 前 1 后，为离趾型；跗跖后缘鳞片多愈合为一块完整的鳞，称为靴状鳞。大多巧于营巢。

我国常见的雀形目鸟类有 50 余科，可选看以下常见种类：

黑枕黄鹂（*Oriolus chinensis*）：全身体羽金黄色。头上有一道宽阔黑纹，翼和尾大都黑色（图 25-7a）。

红尾伯劳（*Lanius cristatus*）：喙似鹰，头顶部淡灰色，贯眼纹黑色，眉纹白色。尾羽棕褐色（图 25-7b）。

寿带（*Terpsiphone incei*）：雄性中央尾羽延长，体羽分为栗色型和白色型两种，前者上体自头以下为深栗红色，后者上体自头以下近白色。雌鸟尾羽无延长（图 25-7c）。

大嘴乌鸦（*Corvus macrorhynchos*）：体羽全部为黑色且具光泽。上喙中部有明显的隆起，上喙基部与额部几乎成直角（图 25-7d）。

喜鹊（*Pica pica*）：肩羽和两胁及腹部白色，其余体羽大部黑色而有金属光泽（图 25-7e）。

大山雀（*Parus cinereus*）：头黑色，颊白色。腹面白色，中央贯以显著的黑色纵纹（图 25-7f）。

蒙古百灵（*Melanocorypha mongolica*）：翼长而尖，跗跖后缘覆以横列的盾状鳞。后爪长而稍直（图 25-7g）。

家燕（*Hirundo rustica*）：背羽黑色，具光泽。喉栗红色，腹部乳白色。尾长而分叉深（图 25-7h）。

黄腰柳莺（*Phylloscopus proregulus*）：上体橄榄绿色，头顶中央有淡黄色冠纹；腰羽黄色（图 25-7i）。

画眉（*Garrulax canorus*）：眼圈白色，向后延伸成白色眉状。上体几乎是橄榄褐色。雄鸟善鸣（图 25-7j）。

红尾斑鸫（*Turdus naumanni*）：上体为棕褐色，腹部白色、密布棕红色斑，尾红棕色（图 25-7k）。

八哥（*Acridotheres cristatellus*）：全体羽毛黑色，有光泽。翼上的白色横斑飞翔时如"八"字（图 25-7l）。

麻雀（*Passer montanus*）：头顶栗褐色，颊部有黑斑，背面黄褐色而有黑色纵纹，喉黑色（图 25-7m）。

黄胸鹀（*Emberiza aureola*）：体型似麻雀而稍大。上体栗红色，腹部黄色，胸前有一栗色项圈（图 25-7n）。

5. 选做小实验——校园鸟类观察和识别

带上望远镜和野鸟图鉴，观察校园中的鸟类，注意观察其形态、集群数量、栖息环境、行为、鸣叫特点、出现规律等，制作一份校园观鸟报告。如有条件，可以对校园鸟类进行长期的监测。

a 黑枕黄鹂　　　　王海涛 摄　b 红尾伯劳

c 寿带♂　　寿带♀　　李俊海 摄

d 大嘴乌鸦

e 喜鹊

f 大山雀

g 蒙古百灵　　　李俊海 摄

h 家燕

i 黄腰柳莺　　　李湘波 摄

j 画眉

k 红尾斑鸫

l 八哥

m 麻雀

n 黄胸鹀　　　廖之锴 摄

图 25-7　鸟类代表种类（Ⅲ）

就所观察的标本，总结鸟类各主要目的简明特征。

拓展阅读

郑作新 . 中国鸟类系统检索 [M]. 3 版 . 北京：科学出版社，2002.

郑作新 . 脊椎动物分类学 [M]. 北京：科学出版社，1982.

郑光美 . 中国鸟类分类与分布名录 [M]. 3 版 . 北京：科学出版社，2015.

郑光美 . 世界鸟类分类与分布名录 [M]. 2 版 . 北京：科学出版社，2021.

实验 26 小鼠解剖

实验目的　　○ 了解小鼠的外形特征及内脏结构特点

　　　　　　　○ 了解小鼠作为哺乳动物的进步特征

　　　　　　　○ 掌握小鼠解剖技术

实验内容　　○ 小鼠的外形观察

　　　　　　　○ 小鼠的内部器官观察

实验材料与用品　○ 活小鼠

　　　　　　　○ 密封玻璃容器、解剖器、解剖盘、棉花、大头针、乙醚、水等

实验提示　　○ 小鼠处死常用方法

　　　　　　药物法：在通风橱内，将小鼠放在密闭容器内，倒入少许乙醚，数分钟后被麻醉；

　　　　　　断颈法：提起小鼠的尾，放在鼠笼表面或粗糙表面，用左手拇指和食指压住小鼠颈部，右手捏住尾部斜向后上方拉，造成其颈椎脱臼或脊髓断裂而死亡

实验操作与观察

1. 小鼠外形观察

小鼠白色，全身被毛，身体分头、颈、躯干、尾和四肢，尾长约与体长相等。头部有1对眼，有上、下眼睑；1对大而薄的外耳壳；鼻孔1对，其下方为具有肉质唇的口。前后肢均为五指（趾）型，指、趾端具爪。

将小鼠的尾高提，观察其后腹部（图26-1）。雄性的阴茎末端为尿道开口，在尾基部为肛门，此两孔与外界相通。肛门前缘有松弛折叠的皮肤囊，这是雄鼠的阴囊，在生殖季节一对睾丸会下降到阴囊。雌性在后腹部有3个孔与外界相通，从前向后为：尿道口，在尿乳头的末端；阴道口，围在尿乳头后方呈半圆形；最后为肛门。成熟个体腹部有5对乳头，前3对在胸部两侧，最前的1对与前肢在同一水平；后2对较大，在尿道口前方两侧。有的

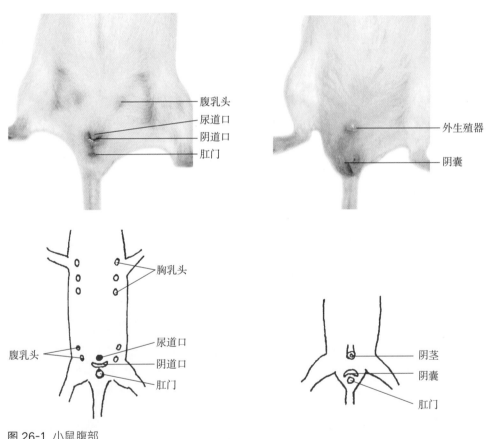

图 26-1 小鼠腹部
左：雌性；右：雄性

个体乳头可延伸排列到颈部。

2. 小鼠内部解剖

将处死的小鼠腹部朝上放置于解剖盘上，四肢展开，掌心用大头针固定，用湿棉球蘸湿其腹中线的毛，用镊子在外生殖器稍前方提起皮肤，沿腹中线剪开皮肤直至下颌，并将其与下方肌肉分离，再从腹中线向四肢横向剪开皮肤。

沿腹中线剪开腹部肌肉至胸骨后方，并沿胸骨两侧用骨剪剪断肋骨，将胸骨剪去，露出胸腔和腹腔器官。将剪开的皮肤和肌肉拉向身体两侧并用大头针固定在解剖盘上。

▶ 视频 26-1 小鼠的解剖与观察

观察以下主要内部器官（图 26-2，图 26-3）：

（1）消化器官

口腔：齿式 1·0·0·3/1·0·0·3，犬齿虚位；门齿尖利，无齿根，终生生长。肉质舌。

唾液腺：为小鼠耳基部的 1 对腮腺，与脂肪组织相似；颈部 1 对颌下腺，粉色，圆形，较大，在下颌后缘腹中线彼此相接。小鼠还有舌下腺，缺少眶下腺。

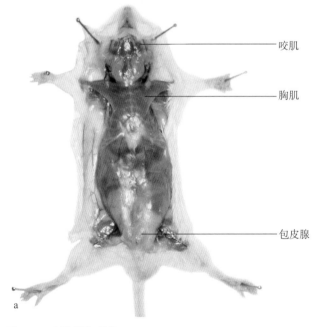
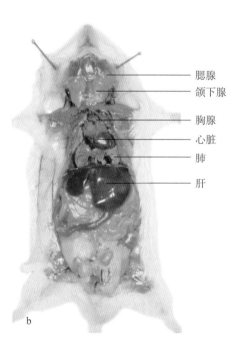

咬肌
胸肌
包皮腺

腮腺
颌下腺
胸腺
心脏
肺
肝

a
b

图 26-2 小鼠原位观察
a. 打开皮肤；b. 打开胸腔和腹腔

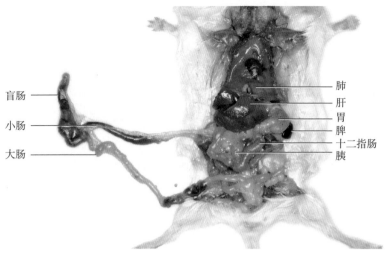

图 26-3 小鼠的消化器官

食管和胃：食管在气管背面穿过胸腔到达腹腔与胃相连。胃向右侧弯，外侧有长条扁平状、暗红色的脾，为淋巴器官。

肝：深紫色，覆盖在胃的腹面。肝分 6 叶，左、右侧各有 3 叶。左侧的 3 叶是：中等大小的左腹叶、最大的左中叶和稍向中间位置的左小叶；右侧的 3 叶是：稍大的右腹叶、右中叶和右背叶，后 2 叶均较小（也有资料提出肝分 4 叶，即左叶、中叶、尾叶和右叶）。

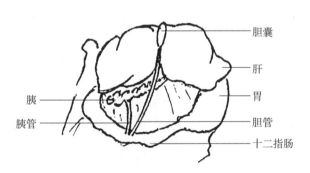

图 26-4 小鼠的胆管、胰管和十二指肠示意图

左、右肝叶之间是梨形的胆囊，充满淡黄色胆汁。胆管将胆汁送进十二指肠降支与横支交界处（图 26-4）。胰位于胃和十二指肠弯曲处，肉色，分叶多，其胰管数目和路径随个体不同，众多小导管汇合成 2 条或 5 ~ 8 条主要导管或小导管直接开口于十二指肠。

小肠：小肠连接胃，分为十二指肠、空肠和回肠。十二指肠呈 "U" 字形，分降支、横支和升支。肠系膜上有粉红色的胰，胰管进入十二指肠降支，比邻胆管入口。空肠和回肠较长，没有明显分界，但仔细观察，空肠肠壁颜色较浅，血管丰富，回肠稍粗，肠壁因含内容物而较深。

大肠：分为盲肠、结肠和直肠。盲肠是 1 个盲管，呈短弯刀形，突出于回肠与结肠之间。结肠较粗，色较深，内有不连续的内容物，是一粒粒粪便的前身。直肠是一段较直的肠管，中间有粒状粪便。穿过腹腔后部进入骨盆，与肛门连通。

（2）排泄系统（图 26-5，图 26-6）　在腹腔中部背面有 1 对肾，左肾比右肾稍低。肾前方有 1 个浅黄色的肾上腺。肾内侧发出输尿管沿肾下行进入膀胱。膀胱在腹腔下部，肌肉质，开口于尿道。

（3）生殖系统（图 26-5，图 26-6）

雄性：包括睾丸、附睾、输精管、尿道和附性腺。1 对睾丸，卵圆形，位于下腹部。

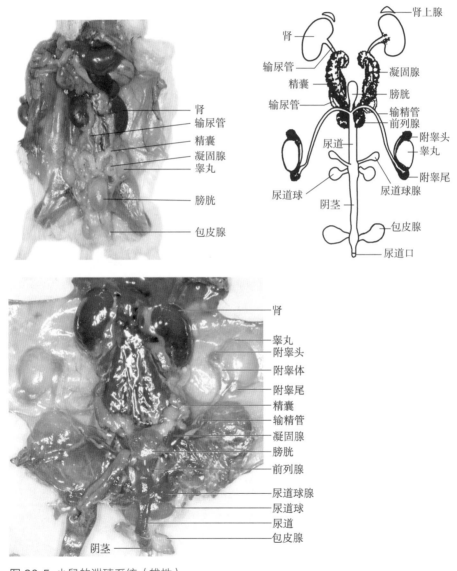

图 26-5 小鼠的泄殖系统（雄性）

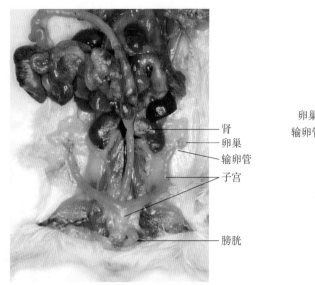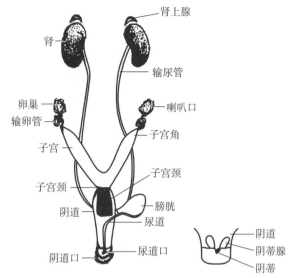

图 26-6 小鼠的泄殖系统（雌性）

每个睾丸前方有圆形的附睾头，并附有大块脂肪组织；附睾头连接细长的附睾体，在睾丸内侧下行到睾丸后方，膨大成圆形附睾尾，并延伸为细长的输精管，开口于尿道。睾丸平时位于腹腔，生殖季节降到体外阴囊内。附性腺包括精囊、凝固腺、前列腺和尿道球腺。精囊乳白色，成对，长条分瓣状，末端稍尖并弯向内侧，其内侧附着较短小的半月形半透明凝固腺。将小鼠骨盆的耻骨剪开，暴露尿道的背面，可见在精囊后部、尿道前端有前列腺，包括位于尿道背面的背叶和膀胱基部，以及尿道腹侧的腹叶。1 对乳白色尿道球腺，在尿道较下部、尿道球的背上方。在阴茎基部两侧的腹壁皮下有 1 对较大的包皮腺，扁圆形，开口于包皮内侧。

雌性：包括卵巢、输卵管、子宫和阴道。1 对卵圆形卵巢，位于腹腔背面，肾后方，在卷曲缠绕的输卵管稍前方，卵巢靠近表面处可见半透明的发育卵泡。输卵管细长，卷曲成小球，其前端有喇叭口开口于卵巢附近，并通腹腔；其后为扩粗而膨大的 1 对双角子宫，子宫后端汇合，以子宫颈通入阴道，最终开口于阴道口。阴道口腹面前方有 1 个隆起，为阴蒂，其左、右有 1 对阴蒂腺开口于此，与雄性小鼠的包皮腺相似。

（4）胸腔器官（见图 26-2b）　在横膈前方有胸腔和围心腔。胸腔内有肺。在围心腔内有心脏及腹面淡粉色的胸腺，幼鼠胸腺较发达。

肺：淡红色，在围心腔背面。左侧有 1 叶肺，右侧分为前、中、后 3 叶肺，并在靠近中部的位置有 1 小叶副叶。

心脏：用剪刀剪开围心膜观察心脏。心脏肌肉质，尤其是心室的肌肉壁较心房厚。左心室有一个心尖，使心脏似歪向左侧。心室前方是左、右心房，色较深。心脏及周围的大血管与家兔的结构相似。

作业

1. 绘制小鼠消化系统简图。
2. 小鼠的内脏结构中有哪些是属于哺乳动物的进步特征？

拓展阅读

杨安峰.大白鼠的解剖特点 [J]. 生物学通报，1989（5）：11-13.

实验 27 家兔骨骼观察

实验目的
○ 通过家兔骨骼观察，认识哺乳类作为最高等脊椎动物其骨骼支持结构
的特征，以及适应陆生环境的运动装置
○ 了解四肢骨骼在不同运动方式中的适应

实验内容
○ 家兔骨骼的观察

实验材料与用品
○ 家兔整体骨骼标本、离散脊椎骨标本、头骨标本
○ 普通光学显微镜、体视镜、解剖器、放大镜等

实验提示
○ 注意保护骨骼标本，不要用笔尖等在骨缝和其他部位留痕，不要损坏
自然的骨块间的联结

实验操作与观察

家兔全身约有 275 块骨，由结缔组织和软骨连接，形成支持和保护身体的骨架。同时，骨骼、关节和肌肉构成运动装置。

1. 家兔的中轴骨

家兔的中轴骨由脊柱、胸廓和头骨构成（图 27-1）。

（1）脊柱　家兔的脊柱大约由 46 块脊椎骨组成，可分为 5 部分：颈椎、胸椎、腰椎、荐椎和尾椎。椎体双平型，两椎体间有椎间盘（常保存不完整）相隔。取 1 枚离散的胸椎为代表，观察脊椎骨各部分结构：椎体、椎弓、椎棘、横突及关节突、肋骨关节面。可依据前关节突的关节面朝上、后关节突的关节面朝下来判断其椎骨的前、后端。

① 颈椎　绝大多数哺乳类的颈椎为 7 枚。第 1 颈椎称为寰椎（图 27-2a），呈环状，无椎体；前端 1 对关节面呈大的凹窝状，与成对的头骨枕髁相关节。第 2 颈椎称为枢椎，具长而宽大的椎弓，上有棘突，向前伸于寰椎之上。枢椎椎体前有齿突，深入寰椎的腹方（图 27-2b）。在寰椎齿突伸入处的上方，在新鲜标本上可见有一横行韧带紧束齿突，从而可使头骨与寰椎一起在枢椎的齿突上旋转。其他颈椎的形态彼此相似，颈椎横突基部有一

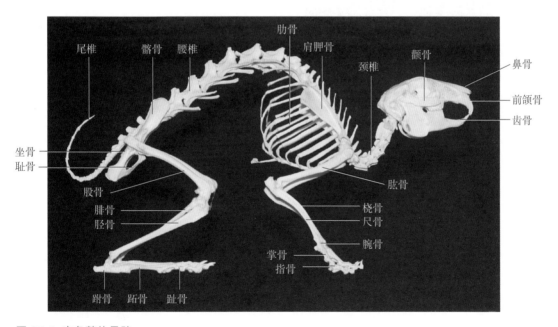

图 27-1 家兔整体骨骼

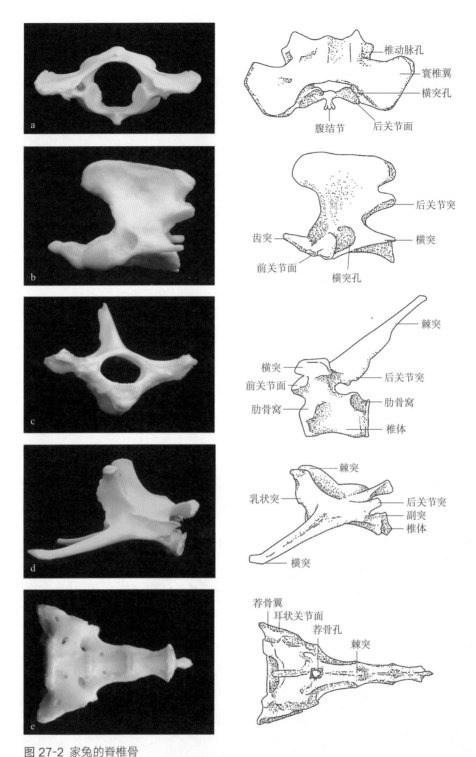

图 27-2 家兔的脊椎骨

a.寰椎（前面观）；b.枢椎（侧面观）；c.胸椎（左：前面观；右：侧面观）；d.腰椎（侧面观）；
e.荐椎（左：腹面观；右：背面观）

孔为椎动脉孔（或称横突孔），椎动脉从中穿过进入颅内。

[?] 想一想：这种结构对于陆栖生活有什么意义？

② 胸椎、肋骨、胸骨和胸廓　兔胸椎为 12～13 枚。椎棘较高，向后延伸（图 27-2c）。胸椎腹侧与肋骨相连。肋骨 12～13 对，前 7 对为真肋，与胸骨相接；后 5～6 对为假肋，不与胸骨相接，附着在前一肋骨的软肋上。后方的肋骨末端游离，称为浮肋。真肋由椎肋和胸肋两段组成，椎肋为硬骨，以双头与胸椎相关节：肋骨结节与胸椎横突（即椎弓横突）末端有关节面相关节；肋骨小头与两相邻椎体共同组成的肋骨窝相关节。胸肋为软肋。

胸骨为一分节的长骨棒，位于胸壁中央。兔胸骨有 6 节，最前方为胸骨柄，最后一节为剑突，末端接宽而扁的剑状软骨，中间各节称胸骨体。骨节间由软骨联合，形成可动关节。胸骨两侧与肋的软骨部分（即胸肋）连接。

胸椎、肋骨及胸骨构成胸廓。

③ 腰椎　共 7 枚，椎体长大，棘突宽大并指向前方，横突发达并斜指向前下方（图 27-2d）。

④ 荐椎　共 4 枚，成体愈合为一块荐骨（图 27-2e）。椎棘低矮。荐骨背面有成对的荐骨孔，相当于椎间孔，是荐椎相互愈合的标志。荐骨以宽大的关节面与腰带相关节。

⑤ 尾椎　由 15～16 块椎骨组成。尾椎的椎弓、椎棘、横突和关节突向末端逐渐变小，最后仅剩呈圆柱状椎体。在后部尾椎上可见小的脉弓，称为人字骨。

兔的椎式为：C7 T12～13 L7 S4 Cy15～16。

（2）头骨　全部骨化，骨块数目少，愈合程度高；颅腔高而大（高颅型）；双枕髁（即与颈椎相关节的关节突）；有颧弓形成；次生腭完整；下颌仅由单一齿骨构成。

取一头骨标本，按如下顺序观察。

① 背部　从前向后观察，依次可见下列结构（图 27-3a）。

鼻骨：呈长板状的 1 对骨片，构成鼻腔顶壁，前端的开口为外鼻孔。

额骨：鼻骨后方的 1 对长方形骨片，在眼眶上方的隆起向前、后端突出，构成眼眶上缘。

顶骨：1 对，呈长方形，构成颅腔顶壁的主要部分。

间顶骨：在两顶骨后端中央的 1 个三角形骨片。

鼻骨下方鼻腔内为 1 块中筛骨和两侧的外筛骨，以及鼻甲骨，从外部不易见到。

② 腹面　从前向后观察，依次可见下列结构（图 27-3b）。

犁骨：为一左右侧扁的长板状骨，位于鼻腔正中，构成鼻中隔基部，分隔两个鼻后孔。

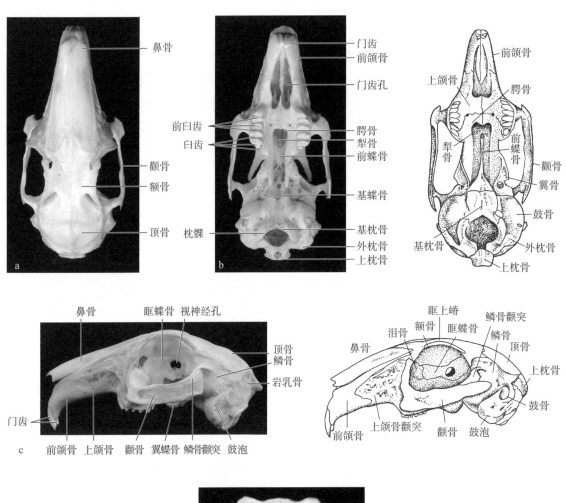

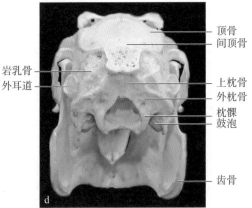

图 27-3 家兔的头骨

a. 背面观；b. 腹面观；c. 侧面观（去掉齿骨）；d. 后面观

腭骨：位于颌骨后方、鼻后孔的两侧，分为水平部和垂直部。水平部构成硬腭的后面部分，前面与颌骨腭突相接。骨质次生腭即由前颌骨腭突、颌骨腭突和腭骨共同构成。

蝶骨区：由头骨腹面的基蝶骨、前蝶骨、翼蝶骨和眶蝶骨组成。基蝶骨位于基枕骨前方，呈三角形。腹面正中有1个圆孔，为海绵孔，此孔背面正是垂体窝，为脑垂体所在处。前蝶骨位于基蝶骨前腹面正中的腭骨之间的深裂隙内，形状细长。翼蝶骨位于基蝶骨两侧，构成眼眶后壁，并向前腹面伸出1对突起，称为翼突。眶蝶骨为前蝶骨向眼窝内延伸的部分，它和翼蝶骨构成眶间隔的大部分。眶间隔中部有一大孔，即视神经孔，视神经由此孔从脑通出。

③ 侧面　从后向前观察，依次可见下列结构（图 27-3c）。

岩乳骨：位于上枕骨外侧和鼓泡后上方，在靠近鼓泡处生成向下延伸的乳突；岩乳骨内包埋内耳。

鳞骨：在顶骨两侧、眼眶后方，此骨与颧骨相接成颧弓的一部分。

鼓骨：包括鼓泡和向外侧延伸的管状外耳道两部分。鼓泡位于枕髁前外侧、鳞骨下方，构成中耳腔外壁，内有3块听小骨。从外向内为锤骨、砧骨、镫骨。鼓泡外缘为鼓膜附着处。鼓骨、鳞骨与前述的岩乳骨三者愈合成颞骨，构成颅腔侧壁。

颧骨：头骨最外侧的1对长形扁骨，前方与上颌骨颧突相接，后与鳞骨颧突相接，构成颧弓，供咬肌附着。为哺乳类特有。

泪骨：为眼窝前壁的1小块骨片，制作标本时常易脱落。其外侧为鼻泪管的开口。

上颌骨：构成头骨前侧面，具有前臼齿和臼齿齿槽。侧面的颌骨体向后外侧延伸形成颧突，参与颧弓的形成。齿槽突起向内面伸出形成腭突，左、右腭突在腹中线相遇，与前颌骨腭突共同形成硬腭的前部，并环绕门齿孔与腭骨腭突共同构成口腔顶部的硬腭。

前颌骨：位于颌骨前方，前部有上门齿齿槽，前后2列共4个（而大鼠和小鼠均为1对上门齿）。后上方伸出一长鼻突，嵌入鼻骨和上颌骨之间；腹内侧面向后伸出腭突。

④ 后部　环绕枕骨大孔有4块骨片，上方是1块上枕骨，骨上有明显的"人"字形隆起，称为项嵴。两侧为1对外枕骨，枕大孔腹面为基枕骨。1对枕髁与寰椎相关节，由基枕骨和外枕骨共同构成。上述4块骨片在成体愈合为1块枕骨（图 27-3d）。

⑤ 齿骨　1对齿骨构成下颌骨。每一齿骨具有1个门齿齿槽，以及前臼齿和臼齿齿槽。后外侧面有发达的咬肌窝，供咬肌附着。齿骨直接连颅骨的颞骨，为直接型（或颅接型），是哺乳类所特有的颌弓与脑颅的连接方式。家兔的齿式为 2·0·3·3/1·0·2·3。

2. 家兔的带骨和四肢骨

(1) 肩带和前肢骨

肩带：仅由1块肩胛骨组成，为扁平的三角形骨片。外侧面中央有一纵长隆起，为肩胛冈，将肩胛骨分为冈上窝和冈下窝，冈前端有肩峰和与肩峰成直角的后肩峰突。肩胛骨前端凹窝为肩臼，与前肢的肱骨头相关节。肩臼内侧有小而弯的突起，称喙突，是退化的乌喙骨（图27-4）。锁骨退化为1对细小软骨，埋于肩部肌肉中，以韧带分别与胸骨柄和肱骨相连（见图27-1）。

⏺ 锁骨退化与运动方式有什么联系？

前肢骨：由肱骨、桡骨、尺骨、腕骨、掌骨和指骨组成。肱骨头前方内、外侧各有一隆起，内为小结节，外为大结节。自大结节下行有一明显的隆起，供肩峰三角肌和背阔肌附着。桡骨较尺骨短。尺骨近端突出部分为肘突，肘突前下方有半月状切迹，与肱骨形成关节。腕骨9块，掌骨5块，各接一指。拇指与桡骨在同侧，有2枚指骨，其余各指均有3枚指骨。指尖具爪。

⏺ 观察哺乳类四肢扭转后形成的肘部向后、膝部向前现象，你认为这对于运动有何意义？前臂的前趾向前，掌心向下，桡骨与尺骨远端发生交叠，这是怎样形成的？有何意义？

(2) 腰带和后肢骨

腰带：由髂骨、坐骨和耻骨组成，并愈合为髋骨。三骨汇合处形成髋臼，与股骨头形

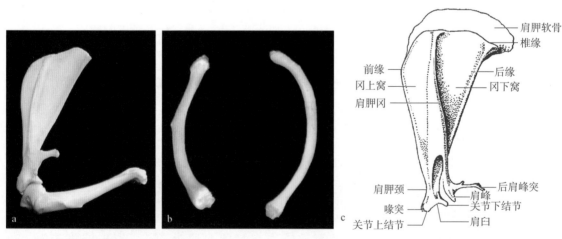

图 27-4 家兔的肩带

a. 肩胛骨和肱骨； b. 锁骨； c. 肩胛骨示意图

成髋关节。髂骨位于背侧，与荐骨牢固地连接在一起（图27-5）。坐骨构成髋骨的后部，并向腹中线扩展，与耻骨结合。耻骨位于腹侧前部，左、右耻骨与坐骨以坐耻骨缝在腹中线结合。左右髋骨、荐骨及前几个尾椎骨构成封闭式骨盆。坐、耻骨之间有闭孔。

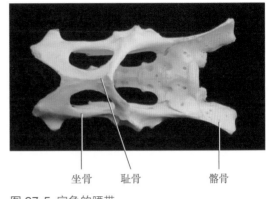

坐骨　　　耻骨　　　　　髂骨

图 27-5 家兔的腰带

后肢骨：由股骨、胫骨、腓骨、跗骨、跖骨和趾骨组成。股骨强大，以股骨头接髋臼。股骨近端外侧的粗大突出部为大转子，其下方另一突起为第三转子。与此相对，内侧突起为小转子。胫骨位于小腿骨内侧，其外侧为腓骨。股骨与胫骨间有髌骨。跗骨6块，分3列，近列内侧骨为距骨，与胫骨形成关节，外侧骨为跟骨。跖骨仅4块，第一跖骨退化，相应的第一趾也退化，仅留4趾。每一趾各具3块趾骨，趾尖具爪。

3. 选做小实验——家兔骨骼标本制作

在制作骨骼标本之前，应先了解该种动物的骨骼构造和相互位置。

处死家兔后，立即割断颈动脉将血液全部放出，剪开腹部皮肤，将皮剥离，注意不要拉断指骨和趾骨。前肢骨和肩带不要分开，可借韧带连接。去肌肉时可放在沸水中稍煮一下使肌肉发紧变硬便于清除。头骨上的肌肉不易除去，可在枕骨大孔与寰椎之间把它们割离，再将头骨稍煮，并除去颅腔内的脑组织。注意保留关节处的韧带，不要失落膝盖骨。

将骨骼浸入 7～9 g/L 氢氧化钠溶液中 1～3 天。注意经常观察，避免骨和骨之间连接的韧带脱开。取出后用清水冲洗。再剔除残留肌肉并用清水冲洗。将肱骨、尺骨、股骨和胫骨等长骨两端中央分别钻一个孔，直达骨髓腔，用水冲掉骨髓。将骨骼放在阳光下晒干。然后将骨骼浸入 15% 过氧化氢溶液中漂白 3～5 天，待骨骼洁白后取出，立即放入清水中洗净，于空气中晾干。

用 1 根铁丝前端打结缠上棉花后，蘸些乳胶，从头骨枕骨大孔处插入颅腔固定。将铁丝另一端由颈椎插入经胸椎到尾椎，注意要随形体弯曲而弯曲。用 2 条弹簧把下颌钩在头骨眼眶下方，使下颌可以活动。用细铁丝将肋骨按原距离连接；用铁丝穿过四肢与带骨连接；在放置骨架的台板前、后架 2 根粗铁丝，按照动物的自然姿势摆放骨架，前一根铁丝固定在颈椎后部，后一根铁丝固定在腰椎上。

作业

1. 绘制家兔 1 枚胸椎的基本结构图。

2. 绘制家兔的肩带与前肢骨、腰带与后肢骨的简图，并注明各部分名称。

3. 家兔的骨骼系统中有哪些特征是哺乳动物特有的？

4. 次生腭是怎样形成的，在脊椎动物进化上有何意义？

5. 颧弓由哪些骨组成？它有什么功能？

6. 家兔的骨骼系统有哪些适应陆地快速奔跑运动的特征？

拓展阅读

刘丹平，胡蕴玉，施新猷，等.穿刺抽取兔骨髓的方法 [J].第四军医大学学报，2000，21（6）：741-744.

陈士文，路屹，陈传好，等.兔膝关节解剖学特点及在动物模型的意义 [J].中国临床解剖学杂志，2012，30（1）：100-102.

实验 28 家兔解剖

实验目的 ◎ 学习和提高对动物的宏观结构解剖的能力，熟练掌握解剖技术

◎ 了解哺乳类内部器官的位置、结构、特征和功能

◎ 了解哪些内部器官是在哺乳类中首次出现

实验内容 ◎ 家兔各生理系统（包括消化、呼吸、排泄、生殖）结构、心脏及其附近大血管的解剖和观察

实验材料与用品 ◎ 活家兔、家兔整体骨骼标本、家兔血管注射标本

◎ 解剖器、解剖盘、骨剪、10 mL 注射器及针头、乙醇、大头针、棉花、固定家兔所用的绳或带子等

实验提示 ◎ 本实验耗时较长，可根据实际情况选做部分内容，或分时操作，也可由教师示范演示部分内容

◎ 动脉和静脉肉眼观察有较大区别，动脉由于管壁较厚而颜色发白，有弹性；静脉管壁薄，呈现静脉血液的紫红色（肺静脉除外）；结合家兔血管注塑标本观察，动脉为红色，静脉为蓝色，门静脉为黄色

◎ 解剖过程中，要结合家兔整体骨骼标本进行操作

实验操作与观察

1. 家兔的处死

通过空气栓塞法处死家兔。向家兔耳郭静脉注射空气，引起空气栓塞而处死动物。将家兔四足朝下放在解剖盘上，找到兔耳背面外缘的耳郭静脉（图28-1），用酒精棉擦拭注射部位的被毛，使静脉血管充盈。在注射器中抽入10 mL空气，以食指按住针头，将针头尽量从静脉的远端以向心方向插入，注入空气，数分钟后兔窒息而死。如第一针不成功，可在同一血管近心端再注射一针空气。

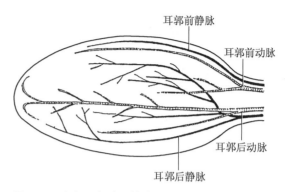

图 28-1 家兔耳郭动、静脉

⁇ 为什么针头要从静脉远端以向心方向插入？

2. 家兔外形观察

取已处死的家兔进行如下观察。

身体分为头、颈、躯干、尾和四肢。肘关节向后，膝关节向前。前肢5指，后肢4趾，指（趾）端均具爪。体表被毛。嘴边着生长而硬的触须。具肉质唇，上唇中央有纵裂。外耳壳长而大。躯干分胸和腹两部分，胸、腹部的分界为最后的1对肋骨及胸骨剑突软骨的后缘。

尾基部前腹面有2个孔，泄殖孔在前，肛门在后。依据泄殖孔的形状可分辨雌雄：雄性泄殖孔为圆形，下接突出的圆锥状阴茎，成年个体繁殖期在泄殖孔周围两侧有阴囊，内各有一睾丸；成年雌性泄殖孔为长裂缝状，腹部有乳头4~5对。

3. 家兔内部解剖

将已处死的家兔仰置于解剖盘中，将其四肢分开并固定。用棉花蘸清水润湿腹部正中线的毛，避免剪断的毛发飘向空气中。自生殖器开口稍前方，提起皮肤，插入解剖剪，沿腹中线自后向前把皮肤纵行剪开，直达下颌前沿为止。

再从颈部将皮肤向左、右横向剪至耳郭基部，分离皮肤和颊部，使下颌部与面部裸露。从身体中线分别向四肢的腕部和踝部用解剖剪剪开皮肤，并分离皮肤和肌肉，用镊子小心地清除皮下结缔组织。

用解剖剪从泄殖孔稍前方开始沿腹中线向前剪开腹壁肌肉，直达胸骨剑突处。

（1）原位观察（图28-2）　首先观察腹腔各内脏器官的自然位置。自前向后，辨认肝、胃、盘旋的小肠、粗大的盲肠，以及具深褶皱的结肠。将肝和胃向后推可见到横膈。横膈呈圆顶状，将腹腔和上方的胸腔隔开，为哺乳类特有。

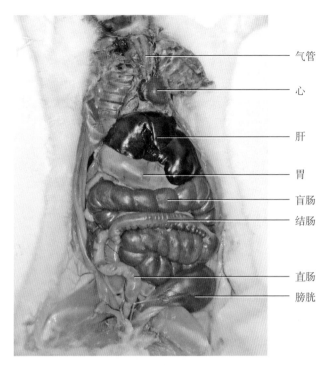

图 28-2　家兔内脏原位观察

气管
心
肝
胃
盲肠
结肠
直肠
膀胱

沿横膈下缘向两侧将腹部肌肉剪开；在距胸骨剑突两侧约 2 cm 处用骨剪向前剪断肋骨，直到第 1 肋骨处，轻轻掀起胸骨，注意其下有一纵形薄膜，为中隔，将胸腔分为左、右两部分。将中隔割断，继续掀起胸骨，可见到围心腔及两侧胸腔内的肺。

用解剖剪将覆盖颈部的薄层肌肉纵向剪开；用解剖刀刀柄插入下颌骨联合缝并转动以撬开联合缝，用力将左、右下颌掰开。

（2）消化器官　家兔消化器官的观察包括唾液腺、口腔和咽、消化管和消化腺等。

① 唾液腺　家兔有 4 对唾液腺（图28-3）。

耳下腺（腮腺）：位于耳壳基部腹前方，为形状不规则的淡红色腺体。其导管向前越过咬肌表面而穿入上唇，开口在上颌第 2 前臼齿附近。

颌下腺：位于下颌腹面两侧，是 1 对硬实的卵圆形深红色腺体。将下颌腹表面结缔组织剥离拉开即可见其导管延伸向前，在舌下部连接下颌骨联合缝处开口入口腔。

舌下腺：位于接近下颌骨联合缝处。用镊子提起颌下腺，找到透明、有韧性的导管，随导管进入舌部，用解剖刀或镊子以与舌肌纤维垂直的方向在导管进入处切断部分舌肌，提起导管，可看到它连着一个色较淡、小而扁长形的腺体，即为舌下腺。

眶下腺：位于眼窝底部前下角，粉红色，形状不规则。用镊子伸进眼窝底部前角，可

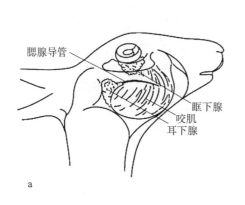

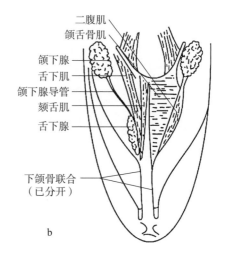

图 28-3 家兔的唾液腺示意图

a. 耳下腺及眶下腺；b. 颌下腺及舌下腺

将此腺拉出。其导管穿过面颊开口在上颌第 3 臼齿的部位。多数哺乳动物一般不具此腺。须注意眼窝底部有较大的白色哈氏腺，眼窝后壁有淡红色泪腺，均具湿润眼球的功能，不要将此腺与眶下腺混淆。

② 口腔和咽　用解剖刀沿口角割开，将咬肌等咀嚼肌切断，用力将下颌拉下，使口张开。观察口腔内牙齿。家兔具门齿、前臼齿和臼齿，无犬齿。上门齿两对，第 2 对较小，位于第 1 对的后部。前臼齿和臼齿宽并具有咀嚼面。齿式为 $2 \cdot 0 \cdot 3 \cdot 3/1 \cdot 0 \cdot 2 \cdot 3$。

观察口腔顶部。前部硬腭上黏膜形成波浪状隆起，后部为肌肉质软腭，二者界线可用镊子触碰感知。软腭使内鼻孔进一步后移，使呼吸和消化通路在口腔完全分开。口腔后部为咽部。沿软腭背中线向前剪开至硬腭位置，可见 1 对内鼻孔。空气经外鼻孔、内鼻孔、咽、喉门入气管。喉门外盖有 1 个三角形软骨小骨片，为会厌软骨。食物经过咽部时会厌软骨盖住喉门，使食物进入喉门背面的食管，形成咽交叉（见图 28-5）。

③ 消化管和消化腺　食管位于气管背面，由咽部下行穿过横膈与胃相连。胃与食管交界处为贲门，后端以幽门与十二指肠相接。胃前缘较小的弯曲为胃小弯，其后缘为胃大弯。胃大弯左侧有一长形暗红色的脾。胃后为小肠，小肠分化为十二指肠、空肠、回肠。十二指肠接胃，呈"U"字形，先向后行（降支），复折向前（升支）。在十二指肠肠系膜上有形状不规则的胰，以胰管开口于十二指肠升支起始端 5～7 cm 处。空肠位于腹腔左侧，形成很多弯曲，其肠壁较厚且富含血管。回肠后接空肠，较空肠短，以回盲系膜

与盲肠相连，一直连到蚓突末端。回盲系膜可作为回肠与空肠的交界标志。回肠壁较薄，颜色较深，管径较细，肠壁上分布血管较少。小肠壁上分布有多个集合淋巴结（图 28-4）。

大肠包括盲肠、结肠和直肠。盲肠为一粗大的盲囊。回肠与盲肠相接处形成一厚壁的圆小囊，为淋巴组织。回盲瓣口周缘的盲肠壁上有两块明显的淋巴组织，分别为大、小盲肠扁桃体。盲肠游离缘变细为蚓突。结肠的肠壁突起形成一系列结肠膨袋，以增加结肠表面积。结肠后为直肠，末端开口为肛门。

肝位于腹腔前部，是全身最大的腺体，分为 6 叶：左中叶、左外

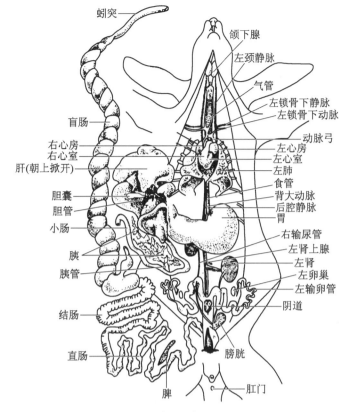

图 28-4 家兔的内脏示意图（雌性）

叶、右中叶、右外叶、尾状叶和方形叶。尾状叶最小，左外叶和右中叶最大。右中叶背面有一长形暗绿色胆囊，以胆总管开口于紧接幽门处的十二指肠。

（3）呼吸器官　空气经外鼻孔进入鼻腔，再经内鼻孔、咽、喉门和气管、支气管进入肺。剪断气管上部，取下喉头观察，可见其腹面是一块大的盾形软骨，为甲状软骨，其后方有一环形的软骨围绕喉部，为环状软骨。沿喉头背面正中线纵剖，在环状软骨前方、甲状软骨背侧有 1 对三棱形小软骨，为杓状软骨。会厌软骨基部连着甲状软骨腹侧内面。环状软骨与甲状软骨之间为喉腔，喉腔入口为喉门。小心观察喉腔内侧壁的前、后部各有 1 小对膜状褶，前面 1 对为假声带，不能发音，后面 1 对为真声带。气管上有软骨环，它们在背面不衔接，呈"C"字形（图 28-5）。

环状软骨后端的气管两侧紧贴着 1 对甲状腺。左、右两侧叶之间有峡部相连于腹面，暗红色。1 对甲状旁腺位于甲状腺后部两侧，靠近颈总动脉处，卵圆形，黄褐色，小米粒大小。

气管通入胸腔后分成左、右支气管入肺。肺呈海绵状，左肺 2 叶，右肺 4 叶。肺由

复杂的支气管树和细支气管末端的肺泡组成。

将肺推向一侧，进一步观察横膈。食管、主动脉和后腔静脉穿过横膈。

（4）心脏及大血管（图28-6，图28-7）围心腔包围心脏，围心腔腹上方粉红色腺体为胸腺，随年龄增长而变小。左手用镊子提起围心腔膜，右手用解剖剪将其剪开，使心脏暴露。

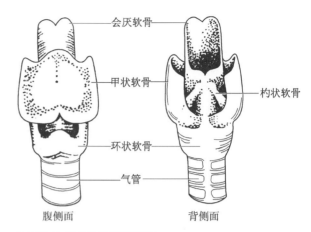

图 28-5　家兔的喉部示意图

心脏外形似倒放的圆锥体，心尖朝后。心脏分为4个腔，分别是左、右心房和左、右心室，心室壁较心房厚，左心室壁又较右心室壁厚。

清除心脏上附着的脂肪，以便观察心脏附近的大血管。

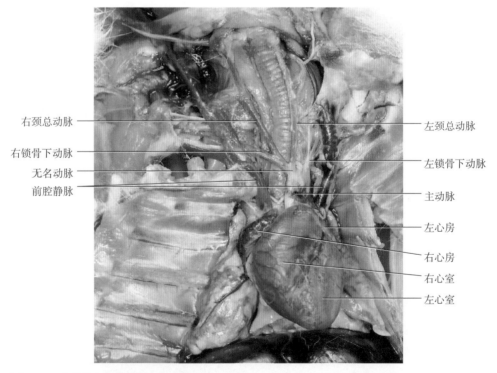

图 28-6　家兔的心脏及其附近大血管

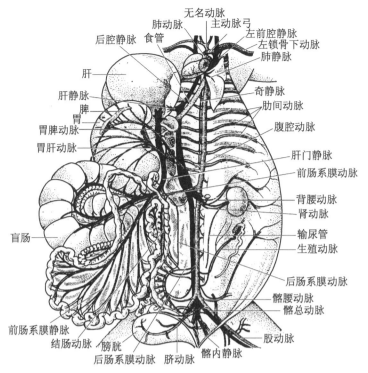

图 28-7 家兔胸腹部动、静脉示意图

① 动脉 由左心室前方发出，先向前上方行，很快即弯向左背后方，从背部向后延伸下行经胸腔、腹腔，发出血管到身体各个部分。

主动脉弓在弯曲处发出两条大动脉，左侧为左锁骨下动脉，右侧为无名动脉。无名动脉是一段很短的血管，发出后很快分为 3 支，由内向外依次为左颈总动脉、右颈总动脉和右锁骨下动脉。

颈总动脉沿气管两侧向头部延伸，在下颌角处分为颈内动脉和颈外动脉。颈内动脉由颈总动脉背壁向背方发出，轻轻提起颈总动脉腹面的结缔组织膜可见到颈内动脉，为较细的分支，伸向背侧，进入颅腔，供应脑部血液。颈外动脉比颈内动脉粗大。左、右锁骨下动脉离开胸腔后，沿第 1 肋骨前缘进入前肢，是前肢的主要血管。

将胸腔脏器小心推向一侧，提起主动脉可以看到由胸部主动脉发出、成对的肋间动脉分布于肋间肌之间，与肋间静脉伴行。

观察腹腔及后肢的动脉，腹主动脉在腹腔从前向后依次发出以下血管：腹腔动脉（分支为胃脾动脉和胃肝动脉），前肠系膜动脉，左、右肾动脉，左、右生殖动脉，细小的后肠系膜动脉，6 条腰动脉，髂总动脉（分支为髂外、髂内动脉）等。

肺动脉从右心室左前缘发出，伸向背侧，在主动脉弓的后面分为左、右两支，分别进入左、右肺。

② 静脉

前腔静脉：在胸廓前口由左、右锁骨下静脉和左、右颈总静脉汇合而来。

锁骨下静脉：主要收集由前肢、胸肌及少数由肩部来的血液，与同名动脉伴行。

颈总静脉：由颈内静脉和颈外静脉汇合而成。

奇静脉：位于胸腔背侧、紧贴胸主动脉右侧纵向分布的1条静脉，不成对，是右后主静脉的残余。它汇集第4肋骨后的肋间静脉汇入右前腔静脉，将胸腔脏器小心推向左侧即可看见。

后腔静脉：血管粗大，由较粗的左、右髂外静脉和较细的左、右髂内静脉汇合而成，沿背中线经腹腔、洞穿横膈进入胸腔，通入右心房，主要汇集来自后肢、各内脏器官和体壁的血液。从后向前主要有以下各静脉血管汇入（多与同名动脉伴行）：左、右髂腰静脉，左、右生殖静脉，左、右肾静脉，6条腰静脉，4~5条肝静脉。

肝门静脉：位于肝十二指肠韧带中，在胆总管的背侧。观察时将胃、肠等脏器轻轻掀向左侧，使胃和肝分开些，则可见。它收集来自腹部各消化器官的血液，送入肝，先进入肝的右外叶。

肺静脉：收集肺内的血液，形成左、右肺静脉，然后汇合，以一个共同的开口汇入左心房。

③ 心脏　将心脏周围的血管剪断，每根都留一段血管连于心脏上，以便观察心脏与血管连接的情况。

将离体心脏在水中洗净后，剪开心脏。可见左心房背方右侧有肺静脉入口，左心室上方有主动脉出口。右心房背侧有前腔静脉和后腔静脉及冠状静脉通入，右心室有肺动脉出口，左心房与左心室之间、右心房与右心室之间有房室孔相通，孔上有三角形瓣膜，左房室孔有2个，为二尖瓣；右房室孔有3个，为三尖瓣。瓣膜的游离缘以腱索与心室内壁的乳头肌相连。

?　血液是如何在心脏和身体中流动的？

（5）排泄器官　在腰部脊柱两侧有1对深红色肾，右肾稍靠前。肾内侧凹陷为肾门，是肾动脉、肾静脉、输尿管、淋巴管及神经出入的位置。输尿管从肾门向后延伸，开口于膀胱基部的背侧面。膀胱是一个倒梨形肌肉质囊，顶部圆形，后部缩小通入尿道。雌性尿道仅排尿液，开口于阴道前庭，以泄殖孔通体外；雄性尿道长，兼作输精之用，开口于阴茎头。

取下 1 个肾，用解剖刀纵剖进行观察。外层为皮质，红褐色，肉眼观察呈颗粒状，由许多肾小体组成；内层为髓质，色稍淡，有放射状纹线，由肾小管和集合管组成。肾盂呈漏斗状，是输尿管起始部。两肾的前方、内侧各有 1 个黄白色扁平三角形小体，为肾上腺。

（6）生殖系统（图 28-8）

雄性：睾丸 1 对，白色，卵圆形，生殖期位于阴囊内，非繁殖期会缩回到腹腔。睾丸前端有呈索状的粉白色精索，精索另一端接于腰背中部。提起精索向前拉，将睾丸从阴囊拉到腹腔观察。每一睾丸侧面有一带状隆起，为附睾，分为附睾头、附睾体和附睾尾。附睾头在睾丸前端，与睾丸的输出管相连，附睾体沿睾丸内侧面走行，附睾尾在睾丸后端，后接输精管。输精管开口于尿道。

将骨盆腹面的耻骨联合缝用解剖刀切开，再用镊子将膀胱和尿道翻转至背面向上，观察副性腺。副性腺包括精囊和精囊腺、前列腺和尿道球腺。精囊位于膀胱基部和输精管膨大部的背面，为扁平囊状腺体。靠前面部分为精囊，前端游离缘分为两叶；精囊背侧后方为精囊腺。前列腺位于精囊腺后方，为半球状腺体，中间有结缔组织形成中隔，将腺体分

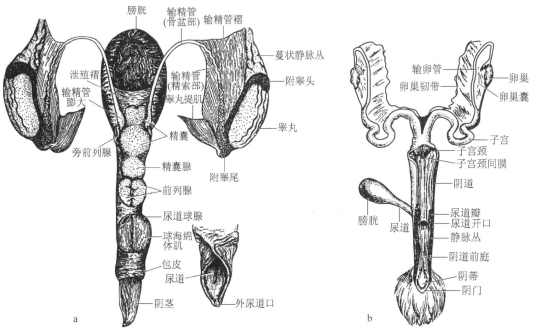

图 28-8 家兔生殖系统示意图

a. 雄性；b. 雌性

为左、右两部。尿道球腺分为两叶，位于前列腺后方，腺体表面被球海绵体肌所覆盖。

雌性：卵巢 1 对，呈淡红色，长椭圆形，位于肾后方，以卵巢系膜悬于第 5 腰椎横突附近的体壁上。卵巢表面突出有透明小圆泡，为成熟卵泡。输卵管为曲折的细管，前端以喇叭口开口在卵巢附近。输卵管下端膨大为子宫。家兔为双子宫，左、右子宫各有 1 个子宫颈连通阴道。在成年雌兔体内，有时可见到在每侧子宫内有 3～4 个胚胎。阴道向后延续为前庭，膀胱后方以尿道开口于阴道前庭的腹壁上。阴道前庭以泄殖孔开口于体外。泄殖孔腹缘有一小突起为阴蒂，外周围以不大的阴唇。

不同实验小组的家兔性别不同，可交换观察。

作业

1. 绘制家兔的消化管与主要消化腺简图，注明各部分的名称。

2. 绘制家兔的雌、雄性泄殖系统简图，注明各部分的名称。

3. 绘制家兔的心脏、体循环、肺循环简图，注明各部分的名称。

4. 与爬行类比较，家兔的消化系统、呼吸系统及循环系统出现了哪些新的结构？有何意义？

5. 区别下列各组名词：硬腭与软腭，腹膜、浆膜与系膜。

6. 哺乳类的泄殖系统有哪些特征？

7. 区别单循环与双循环，不完全双循环与完全双循环。

8. 左心房和左心室与什么血管相通？左心室和右心室有什么不同？

9. 家兔肺部吸入的氧气通过什么途径进入脑组织？

拓展阅读

黄诗笺，卢欣，杜润蕾. 动物生物学实验指导 [M]. 4 版. 北京：高等教育出版社，2020.

卢耀增. 实验动物学 [M]. 北京：北京医科大学中国协和医科大学联合出版社，1995.

刘燕强，崔庚寅. 生理学实验 [M]. 5 版. 北京：高等教育出版社，2023.

杨安峰. 大白鼠的解剖特点 [J]. 生物学通报，1989（5）：11-13.

杨安峰. 兔的解剖 [M]. 北京：科学出版社，1979.

实验 29 哺乳纲分类

实验目的	○ 掌握哺乳纲分类鉴定的形态术语和量度，学习使用检索表
	○ 了解哺乳纲重要目、科的形态特征
	○ 认识哺乳纲代表性和常见的种类
实验内容	○ 学会哺乳动物鉴定术语及测量方法
	○ 标本观察与检索
实验材料与用品	○ 哺乳动物标本
	○ 体视镜、卡尺、卷尺和放大镜等
实验提示	○ 哺乳纲分类系统存在争议，为避免不必要的混淆，本书仍采用经典教科书所用的哺乳纲分类系统
	○ 爱护实验标本，小心使用并轻拿轻放

实验操作与观察

1. 哺乳动物鉴定术语及测量方法

（1）外形测量（图 29-1）

体长：由吻端至尾基。

尾长：由尾基至尾的尖端（不包括尾毛长）。

耳长：由耳壳基部缺口下缘至耳壳顶端（不包括耳毛长）。

后足长：由足跟至最长趾端（不包括爪长）。

此外，尚需鉴定性别，称量体重，并注意形体各部的一般形状、颜色（包括乳头、腺体、外生殖器等），以及毛的长短、厚薄和粗细等。

（2）头骨测量（图 29-2）

颅全长：头骨最前端至最后端。

吻长：头骨最前端至眶下孔前缘。

鼻骨长：鼻骨的最大长度。

眶鼻间长：鼻骨前缘至同侧额骨眶后突。

吻宽：左、右犬齿外缘基部间的距离。

眶间宽：两眼眶内缘间的最小距离。

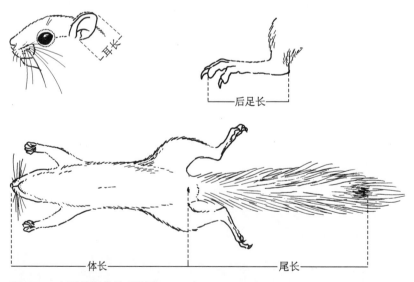

图 29-1 小型兽类的外形测量

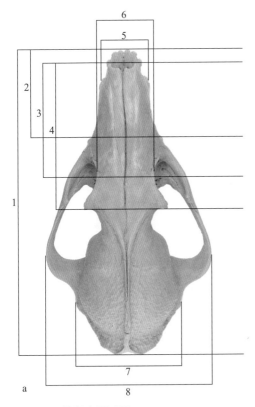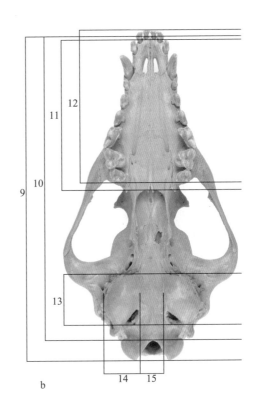

图 29-2 兽类头骨测量

1. 颅全长；2. 吻长；3. 鼻骨长；4. 眶鼻间长；5. 吻宽；6. 眶间宽；7. 颅宽；8. 颧宽；9. 颅基长；10. 基底长；
11. 腭长；12. 上齿列长；13. 听泡长；14. 听泡宽；15. 听泡间宽

a. 背面观；b. 腹面观

颅宽：脑颅的最大宽度。

颧宽：左、右颧弓外缘间的最大宽度。

颅基长：前颌骨前端至枕髁后缘。

基底长：前颌骨前端至枕骨大孔前缘。

腭长：上门齿中间齿槽后缘至硬腭后缘的最小距离。

上齿列长：门齿前端至同侧臼齿后缘。

齿隙长：若上颌犬齿虚位，门齿后缘至同侧前臼齿前缘的距离。

听泡长：听泡前缘和后缘间的距离。

听泡宽：听泡外缘和内缘间的距离。

听泡间宽：两听泡内缘间的距离。

2. 兽类标本检索

真兽亚纲（Eutheria）为高等的胎生种类，具有真正的胎盘；大脑发达。现存哺乳动物绝大多数属于此亚纲，分布遍及全球。

▶ 视频 29-1　哺乳纲的分类

我国真兽亚纲常见目检索表

1 具后肢 ……………………………………………………………………………… 2

　　后肢缺 …………………………………………………………………………… 11

2 前肢特别发达并具翼膜，适于飞行 …………………………… 翼手目（Chiroptera）

　　构造不适于飞行 ………………………………………………………………… 3

3 牙齿全缺，身披鳞甲 ……………………………………………… 鳞甲目（Pholidota）

　　有牙齿，体无鳞甲 ……………………………………………………………… 4

4 上、下颌的前方各有 1 对发达的呈凿状的门齿 ……………………………… 5

　　下门齿多于 1 对，或只有 1 对而不呈凿状 ………………………………… 6

5 上颌具 1 对门齿 ………………………………………………… 啮齿目（Rodentia）

　　上颌具前、后 2 对门齿 ………………………………………… 兔形目（Lagomorpha）

6 四肢末端趾分明，趾端有爪或趾甲 …………………………………………… 7

　　四肢末端趾有退化，或有蹄 …………………………………………………… 9

7 前、后足拇趾与其他四趾相对 ………………………………… 灵长目（Primates）

　　前、后足拇趾不与其他四趾相对 …………………………………………… 8

8 吻部尖长，向前超出下唇甚远；正中 1 对门齿通常显著大于两侧门齿 ………… 食虫目（Insectivora）

　　上、下唇通常等长，正中 1 对门齿小于两侧门齿 ………………………… 食肉目（Carnivora）

9 体形特殊巨大，鼻长而能弯曲 ………………………………… 长鼻目（Proboscidea）

　　体形巨大或中等，通常鼻不延长也不能弯曲 ……………………………… 10

10 后足仅 3 趾或 1 趾 …………………………………………… 奇蹄目（Perissodactyla）

　　后足 4 趾，第 3、4 趾发达而等大 …………………………… 偶蹄目（Artiodactyla）

11 同型齿或无齿；呼吸孔通常位于头顶；多数具背鳍；乳头腹位 ………………… 鲸目（Cetacea）

　　多为异型齿；呼吸孔在吻前端；无背鳍；乳头胸位 ………………………… 海牛目（Sirenia）

3. 代表种类观察

（1）食虫目　小型兽类。四肢短，具 5 趾，有利爪；体被软毛或硬棘；吻细长突出，牙齿原始，适于食虫；外耳及眼较退化。大多为夜行性。

东北刺猬（*Erinaceus amurensis*）：体背被有棕、白相间的棘刺，其余部分具浅棕色细刚毛（图29-3a）。齿式为3·1·3·3/2·1·2·3。

喜马拉雅水鼩（*Chimarrogale himalayica*）：外貌似鼠。体被灰褐色细绒毛，尾细长具疏毛（图29-3b）。齿式为3·1·3·3/1·1·1·3。

缺齿鼹（*Mogera*）：俗名鼹鼠。适于地下生活。体粗短；密被不具毛向的绒毛；眼小；耳壳退化；前肢短健，掌心向外侧翻转，具长爪（图29-3c）。齿式为3·1·4·3/3·0·4·3。

(2) 翼手目　前肢特化，适于飞翔。具特别延长的指骨。由指骨末端至肱骨、体侧、后肢及尾之间生有薄而韧的翼膜。第1指或第2指端具爪。后肢短小，具长而弯的钩爪；胸骨具胸骨突；锁骨发达；齿尖锐。

东方蝙蝠（*Vespertilio sinensis*）：体小型。耳较大，眼小，吻短，前臂长31～34 mm。体毛黑褐色（图29-3d）。

(3) 灵长目　大多数种类拇指（趾）与其他指（趾）相对；锁骨发达，手（脚）掌具两行皮垫，利于攀缘；少数种类指（趾）端具爪，但大多具指（趾）甲。大脑半球高度发达；眼前视，视觉发达；嗅觉退化。

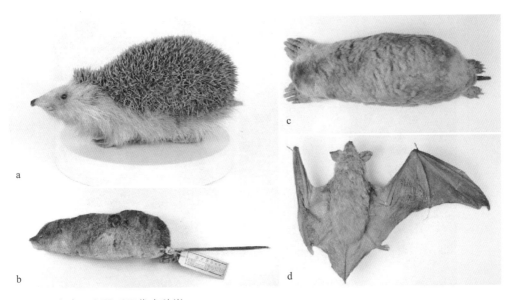

图 29-3 食虫目和翼手目代表种类

a. 东北刺猬；b. 喜马拉雅水鼩；c. 缺齿鼹；d. 东方蝙蝠

灵长目分科检索表

1　第 2 手指缩小，第 2 足趾具尖爪 ·· 懒猴科（Lorisidae）

　　手指和足趾均具扁平的指（趾）甲 ·· 2

2　前、后肢等长，或前肢较短；有尾 ······································ 猴科（Cercopithecidae）

　　前肢比后肢长；无尾 ··· 长臂猿科（Hylobatidae）

蜂猴（*Nycticebus bengalensis*）：属懒猴科。身体圆胖，眼周颜色深，从头顶至后背有 1 条深色纵纹；四肢短粗，足第 2 趾具爪，其余指（趾）具甲；无尾（图 29-4a）。

猕猴（*Macaca mulatta*）：属猴科。尾长约为体长的 1/2。颜面和耳多呈肉色；臀部胼胝红色，体毛色棕黄；有颊囊（图 29-4b）。

川金丝猴（*Rhinopithecus roxellana*）：属猴科。体被金黄色长毛；眼圈白色；尾长超过体长的 1/2；无颊囊（图 29-4c）。为我国特有种。

北白颊长臂猿（*Nomascus leucogenys*）：属长臂猿科。周身毛短，黑色；面颊毛白色；

图 29-4 灵长目代表种类
a. 蜂猴；b. 猕猴；c. 川金丝猴；d. 北白颊长臂猿

前肢特长，站立时下垂至地面；无尾（图 29-4d）。

（4）鳞甲目　体外被覆角质鳞甲，鳞片间杂有稀疏硬毛；不具齿；舌发达；前爪极长。

中华穿山甲（*Manis pentadactyla*）：体背面被角质鳞片，鳞片间有稀疏的粗毛；头尖长，口内无齿；舌细长，善于伸缩（图 29-5a）。主要食物为白蚁和蚂蚁。

（5）兔形目　为中小型食草动物。上颌具有 2 对前、后着生的门齿，后面 1 对很小，故又称重齿类。

蒙古兔（*Lepus tolai*）：背毛土黄色；后肢长而善跳跃；耳壳长；尾短（图 29-5b）。

（6）啮齿目　哺乳纲中啮齿目动物的种类和数量最多，分布遍及全球。体中小型。上、下颌各具 1 对门齿，终生生长；无犬齿（犬齿虚位）；嚼肌发达，适应啮咬坚硬物质；臼齿常为 3/3（图 29-6）。

图 29-5 鳞甲目和兔形目代表种类
a. 中华穿山甲；b. 蒙古兔

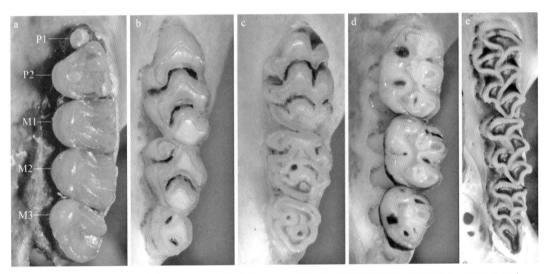

图 29-6 松鼠科（a）、鼠科（b，c）和仓鼠科（d，e）动物左上臼齿咀嚼面（前端向上，左为内侧）
P1. 第 1 前臼齿；P2. 第 2 前臼齿；M1. 第 1 臼齿；M2. 第 2 臼齿；M3. 第 3 臼齿

啮齿目分科检索表

1 颊齿列（前臼齿＋臼齿）等于或多于 4/4 ·· 2

  颊齿列少于 4/4 ·· 4

2 颊齿列一般为 5/4，上颌第 1 前臼齿甚小，有的仅生 4 齿；眶下孔很小；尾毛蓬松 ······ 松鼠科（Sciuridae）

  颊齿列 4/4，眶下孔发达，尾毛不蓬松 ·· 3

3 体被长硬刺 ·· 豪猪科（Hystricidae）

  体无长硬刺，尾大而扁平，无毛而被鳞 ···································· 河狸科（Castoridae）

4 颊齿列 4/3 ·· 跳鼠科（Dipodidae）

  颊齿列 3/3 ··· 5

5 第 1、2 上臼齿咀嚼面具 3 个纵行齿尖，每 3 个并列的齿尖又形成一横嵴 ··········· 鼠科（Muridae）

  第 1、2 上臼齿咀嚼面的齿尖不排成 3 纵列 ································· 仓鼠科（Cricetidae）

松鼠（*Sciurus vulgaris*）：属松鼠科。夏毛褐色，冬毛灰色；尾具蓬松长毛；耳尖具丛毛（图 29-7a）。齿式为 1·0·2·3/1·0·1·3。

小飞鼠（*Pteromys volans*）：属松鼠科。前、后肢之间有皮肤延伸形成的翼状膜相连，但前、后足不与翼状膜相连。背毛灰褐色，腹毛白色；尾毛褐色，蓬松（图 29-7b）。齿式为 1·0·2·3/1·0·1·3。

中国豪猪（*Hystrix hodgsoni*）：属豪猪科。大型啮齿动物，身体粗壮，尾短；部分体毛特化成棘刺状，黑褐色；背部和尾部的棘刺长而中空，尖端白色（图 29-7c）。齿式为 1·0·1·3/1·0·1·3。

小家鼠（*Mus musculus*）：属鼠科。体较小（图 29-7d），门齿内侧有缺刻。齿式为 1·0·0·3/1·0·0·3。

褐家鼠（*Rattus norvegicus*）：属鼠科。体较大（图 29-7e），臼齿齿尖 3 列，每列 3 个。齿式为 1·0·0·3/1·0·0·3。

黑线仓鼠（*Cricetulus barabensis*）：属仓鼠科。体灰褐色，尾短，背中线有 1 条黑色纵纹；具颊囊（图 29-7f）。齿式为 1·0·0·3/1·0·0·3。

（7）食肉目　门齿小，犬齿强大而锐利；上颌最后 1 枚前臼齿和下颌第 1 枚臼齿特化为裂齿；指（趾）端常具利爪。

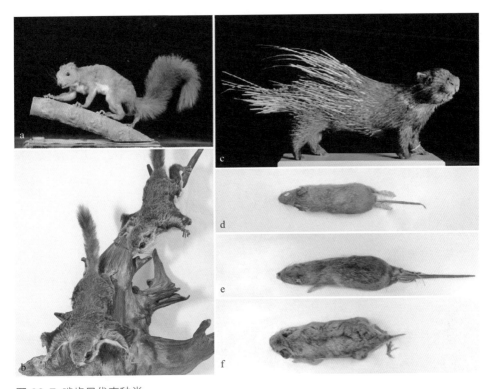

图 29-7 啮齿目代表种类

a. 松鼠；b. 小飞鼠；c. 中国豪猪；d. 小家鼠；e. 褐家鼠；f. 黑线仓鼠

食肉目分科检索表

1	体形通常适于陆上奔走；四肢正常；趾分离，末端具爪 ·································	2
	体形呈纺锤状，适于游泳；四肢变为鳍状 ·································	7
2	体型粗胖；尾很短 ································· 熊科（Ursidae）	
	体型不粗胖；尾较长 ·································	3
3	各足均具 5 趾 ·································	4
	后足仅 4 趾 ·································	6
4	头圆吻短 ································· 小熊猫科（Ailuridae）	
	头较低平，吻较长 ·································	5
5	四肢短，体形低矮；臼齿 1/2 ································· 鼬科（Mustelidae）	
	四肢较长，体形正常；臼齿 2/2 ································· 灵猫科（Viverridae）	
6	头狭长；爪较钝，不能伸缩；上臼齿 2 枚 ································· 犬科（Canidae）	
	头较短圆；爪锐利，能伸缩；上臼齿 1 枚 ································· 猫科（Felidae）	

7　前肢较长，后肢能向两侧展开支撑和移动身体；有外耳壳 ⋯⋯⋯⋯⋯⋯⋯⋯⋯⋯⋯⋯

海狮科（Otariidae）

前肢短，后肢不能向两侧展开支撑身体；无外耳壳 ⋯⋯⋯⋯⋯⋯⋯⋯⋯⋯⋯⋯⋯⋯⋯⋯

海豹科（Phocidae）

赤狐（*Vulpes vulpes*）：属犬科。面长吻尖；尾长超过体长的 1/2，尾毛蓬松，端部白色（图 29-8a）。

黑熊（*Ursus thibetanus*）：属熊科。掌宽大，前肢腕垫大，与掌垫相连；胸部有新月形白斑（图 29-8b）。

小熊猫（*Ailurus fulgens*）：属小熊猫科。头、背、尾红褐色；眼上有白斑，眼下有黑褐色斑，颊部和吻部白色；耳毛白色，腹部及四肢黑褐色，尾上有褐色环纹（图 29-8c）。

黄鼬（*Mustela sibirica*）：属鼬科。体型细长，四肢短；颈长，头小；尾长约为体长的 1/2，尾毛蓬松；背毛为棕黄色（图 29-8d）。

狗獾（*Meles leucurus*）：属鼬科。体躯肥壮，四肢粗短；吻尖，眼小；耳、颈、尾均短；具黑褐色与白色相杂的毛色（图 29-8e）。

花面狸（*Paguma larvata*）：属灵猫科，又名果子狸。头部从吻端直到颈后有 1 条白色纵纹，眼周有白斑；面部黑白相间；脚全黑（图 29-8f）。

豹猫（*Prionailurus bengalensis*）：属猫科。体形似家猫，尾较粗；眼内侧有两条白色纵纹；体毛灰棕色，杂有不规则的深褐色斑点（图 29-8g）；爪能收缩。

斑海豹（*Phoca largha*）：属海豹科。体肥壮呈纺锤形，密被短毛；头圆，眼大，无外耳壳，口须长；趾间具蹼；尾短而夹于后肢间；成体背部苍灰色，杂有棕黑色斑点（图 29-8h）。

（8）奇蹄目　草原奔跑兽类。中指（趾）即第 3 指（趾）发达，指（趾）端具蹄；门齿适于切草；前臼齿与臼齿形状相似，咀嚼面有棱脊，有磨碎食物的作用；单胃；盲肠大。

蒙古野驴（*Equus hemionus*）：鬃毛和尾毛都较短，背脊中央有 1 条深色纵纹（图 29-9a）。

（9）偶蹄目　第 3、4 指（趾）同等发达，故称为偶蹄，并以此负重（第 2、5 趾为悬蹄）；尾短；上门齿常退化或消失；有的犬齿形成獠牙，有的退化或消失；臼齿咀嚼面突起很复杂，不同的科因食性不同而有变化。此目种类众多。

图 29-8 食肉目代表种类

a. 赤狐；b. 黑熊；c. 小熊猫；d. 黄鼬；e. 狗獾；f. 花面狸；g. 豹猫；h. 斑海豹

偶蹄目分科检索表

1 上、下颌均具门齿，下犬齿强大而不呈门齿状 ⋯⋯⋯⋯⋯⋯⋯⋯⋯⋯⋯⋯⋯⋯⋯⋯ 2

   仅下颌具门齿，下犬齿呈门齿状 ⋯⋯⋯⋯⋯⋯⋯⋯⋯⋯⋯⋯⋯⋯⋯⋯⋯⋯⋯⋯⋯⋯ 3

2 臼齿具丘状突（丘齿型）；足具 4 趾 ⋯⋯⋯⋯⋯⋯⋯⋯⋯⋯⋯⋯⋯⋯⋯⋯ 猪科（Suidae）

臼齿具新月状脊棱（月齿型）；足仅第3、4趾发育，趾底具皮垫 ·················· 骆驼科（Camelidae）

3　臼齿低冠，上犬齿若存在时呈獠牙状，雄性具实角 ······························ 鹿科（Cervidae）

　　臼齿高冠，无上犬齿，雄性具洞角 ·· 牛科（Bovidae）

　　野猪（*Sus scrofa*）：属猪科。体形似家猪，但吻部更为突出；体被刚硬的针毛，背上鬃毛显著；毛色一般呈黑褐色；雄猪具獠牙（图29-9b）。

　　狍（*Capreolus pygargus*）：属鹿科。四肢细长，尾短；雄性有角，角短且分三叉；毛质粗脆，冬毛灰棕色，夏毛红棕色；臀部具白斑（图29-9c）。

　　中华斑羚（*Naemorhedus griseus*）：属牛科。雌、雄都有角，角短而细；毛灰褐色，喉部和四肢端部淡色（图29-9d）。善攀登岩石，生活于山地林区。

图 29-9　奇蹄目和偶蹄目代表种类
a. 蒙古野驴；b. 野猪；c. 狍；d. 中华斑羚

作业

1. 测量 1 件哺乳动物头骨标本并记录数据。

2. 选取食肉目或偶蹄目的标本，比较同一个目中不同物种的形态特征与其生活方式相适应的关系。

拓展阅读

潘清华，王应祥，岩昆 . 中国哺乳动物彩色图鉴 [M]. 北京：中国林业出版社，2007.

王应详 . 中国哺乳动物种和亚种分类名录与分布大全 [M]. 北京：中国林业出版社，2002.

周旭明，杨光 . 哺乳动物系统发育基因组学研究进展 [J]. 兽类学报，2010，30（3）：339-345.

WILSON D E，REEDER D M. Mammal species of the world: a taxonomic and geographic reference [M]. 3rd ed. Baltimore: Johns Hopkins University Press，2005.

附录 I 无脊椎动物的采集与培养

1 原生动物的采集与培养

采集工具：浮游生物网、采水器（附图1）、聚氨酯泡沫塑料块（PFU）、毛笔、长吸管、采集瓶。

培养器具：体视镜、普通光学显微镜、一次性吸管、培养皿、载玻片、三角瓶、封口膜、电磁炉、光照培养箱。

培养液材料：无污染腐殖质泥土、麦粒、稻草、产气杆菌、酵母菌。

（1）眼虫（*Euglena*）

采集：在不流动的、腐殖质较多或排有生活污水的小河沟、池塘或临时积有雨水的水坑中，尤其是带有臭味、发绿色的水中常可采集到眼虫。眼虫大量繁殖时，水呈绿色。

制备培养液：①土壤培养液，将富含腐殖质的无污染泥土少许置于三角瓶中，加蒸馏水至瓶容积的2/3处，以脱脂棉轻轻塞住瓶口，煮沸15 min灭活处理，室温放置24 h后使用。②麦粒培养液，将麦粒10粒左右，放入250 mL三角瓶，加入蒸馏水200 mL，煮沸15 min，过滤，常温备用。

分离：由于多数情况下采到的

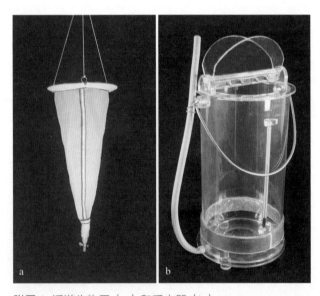

附图1 浮游生物网（a）和采水器（b）

水样混杂有其他动物，在低倍镜下用微吸管将眼虫吸出稀释。反复多次，镜检呈单一个体后将其保存。

接种培养：将分离提纯的眼虫 20～30 只，接种到三角瓶培养液中，用封口膜封好瓶口，置于 21～25℃光照培养箱或在散射光处（避免阳光直射）室温纯培养，一周后眼虫大量繁殖。

（2）变形虫（*Amoeba*）

采集：变形虫常生活在较为洁净、缓流的小河或池塘的静水中，通常集中在水底淤泥烂叶中或水生植物水下部分的茎叶上，主要取食硅藻等藻类，也取食细菌、其他原生动物和一些小得多细胞动物。采集时捞取水底物质，如呈黄褐色的碎屑（硅藻较多），或剪下水生植物水下部分带有黏稠物的茎、叶带回实验室。还可在水边或潮湿处挖取带根的禾本科植物（不要去除根上的土）带回实验室。

制备培养液：选用池塘水过滤、煮沸，放入数粒麦粒，室温放置 1～2 天，使细菌繁殖起来。

分离：将含有变形虫的池塘水滴加在载玻片上，并滴加较凉的水 1 滴，放置 1～2 min 或在保证水不洒掉的情况下振动载玻片数次，使变形虫贴附于载玻片上。倾斜载玻片使水流掉，并用较凉的水缓缓冲洗载玻片，去除其他微小动物，镜检呈只有纯变形虫为止。

接种培养：将贴附有变形虫的载玻片多片移入盛有培养液的培养皿中，置于 18～20℃培养箱培养，约两周后可有大量的变形虫出现。由于土壤里有大量变形虫的休眠包囊，亦可将从潮湿地采集的、根上带土的禾本科植物直接浸入培养液中培养。

（3）草履虫（*Paramecium*）

采集：在有机质丰富且不大流动的污水河沟或池塘里一般有草履虫生活，特别是细菌丰富的水中草履虫更多，密度大时水呈灰白色。

制备培养液：常用稻草水培养草履虫。10 g 稻草秆洗净、切成小段放入锥形瓶中，加蒸馏水 1 000 mL，瓶口塞上棉花，煮沸 30 min，放置 24 h，调节 pH 至 6～7。

分离：方法同眼虫。

接种培养：50 mL 培养液中接种草履虫 300 只，放入 20～25℃培养箱培养，1 周左右可有大量的草履虫，其种群密度达到峰值，之后种群密度会急剧下降。如需要长期培养，需要补充培养液或用新培养液重新接种。也可在密度低的时候，在培养液中接种产气杆菌（*Aerobacter*）或酵母，或加少量玉米粉等都能促进草履虫的繁殖。

2　水螅的采集与培养

采集：在缓流、清澈且富有水草的小河或池塘中，可采到水螅（*Hydra*）。它附着在水生植物、石块或水中其他物体上。伸展时体色较淡，收缩或离开水则呈一褐色的小粒状。采集时可直接在水中的附着物上寻找，或采集大量水草，放在大烧杯中，置于实验室的向阳处，次日检查，可能获得水螅。

培养：水螅可在室内培养，水要清洁，水温在 20～25℃，每周喂 2～3 次水蚤；次日，须除去水底的死水蚤及其他污物。每周换水 1 次（换入 1/3 新水即可）。最好用池水、井水，若用自来水，可先放少许水生植物，在向阳处放置 1～2 日再用。亦可用较大的水族箱，箱底铺细泥沙，种植水生植物。将水螅接种进去，定期饲喂水蚤，补充蒸发掉的水分，保持水体洁净。

3　涡虫的采集与培养

采集：涡虫生活在水质清澈、含氧高的淡水溪流中，潜伏在水底的石块下面，采集时用毛笔蘸水将涡虫刷落到盛有溪水的采集瓶中，带回实验室。

培养：涡虫对水质和水温的要求较严格，最好用泉水或池塘水，如用自来水，则应在阳光下晒 3～4 天。培养过程中，水一定要清洁，应根据水质的清浊程度及时换水，水温应控制在 16～18℃。水族箱里适当植入水生植物，并在水底放置数块凹面砖石以利于涡虫躲藏。可喂以煮熟的蛋黄，亦可饲喂动物的新鲜肝和肉，每次喂食后一定要立即清除食物残渣。

4　昆虫的采集与标本制作

（1）昆虫的采集

① 常用的工具和药品

采集网：浅色尼龙纱制成的捕网，轻便而通风，适于采集飞行或水生的昆虫，还可根据昆虫的大小选择不同网目的网。白布制成的扫网，致密而耐用，适于采集草丛或灌木丛中的昆虫。还有其他采集工具，如水网、刮网、采集伞、马氏诱集器、贝-杜氏漏斗、吸虫管等。

毒瓶：用于迅速毒杀昆虫。可根据需要选择不同大小的密闭玻璃瓶或对乙酸乙酯不溶解的塑料瓶。在瓶底铺一层锯末，上面浇石膏浆，待石膏快干时用细针扎几个小眼。采集之前注入适量乙酸乙酯，浸湿锯末，盖紧瓶盖。

其他：三角纸袋、棉花包、镊子、剪刀、毛笔、注射器、放大镜、黑光灯、白色幕布、笔记本、笔、70%乙醇、乙酸乙酯等。

② 采集方法

在昆虫采集之前，首先要了解所采昆虫的生活习性（寄主、食性、活动性等）和采集地的环境特点，从而使采集活动获得较大的收获。由于大部分昆虫具有保护色和拟态，因此在采集过程中要细心观察，并利用昆虫不同的习性采用不同的方法进行采集，如网捕法、振击法、引诱法、网筛法、陷阱法和吸虫器法等。常见昆虫的采集和处理方法如下。

鳞翅目昆虫：包括蝶类和蛾类。蝶类采集通常在林间路边和水溪旁，或花草繁茂的地方。天气晴朗时，上午 10 时至下午 3 时是蝶类活动的高峰期，可直接网捕。蛾类大多为夜行，具有趋光性，因此可灯诱。夜间在野外较开阔处挂黑光灯，灯下挂一白色幕布，可引诱蛾类停息。由于蝶类和蛾类体表具大量鳞片，应立即处死以免鳞片脱落（也要注意尽量避免手触其翅）。通常采用捏其胸部处死的方法，之后使其两翅竖立，放入三角纸袋中。对于大型的蝶类、蛾类，可采用胸部注射适量乙醇的方法处死。

鞘翅目和半翅目昆虫：如甲虫和蝽类。它们通常停留在寄主植物上，行动较慢，有的受到惊扰时常假死落入地面的枯草中而难以寻找。可利用这一习性，将捕网置于虫体的下方，突然振动其附着的枝条，使其假死时恰好落入捕网内，亦可直接用镊子夹取。由于甲虫和蝽类体壁较硬，需在毒瓶中放置较长时间才能熏杀。需注意的是，在毒瓶中甲虫和蝽类受到刺激可分泌液体，需及时擦净以免污染，且不要与身体柔软的昆虫放在同一毒瓶中。有些种类具有趋光性，可灯诱。有些种类水生，可直接用网捕。有些可用巴氏罐诱法诱捕。

双翅目昆虫：如蚊、蝇和虻等具 1 对翅的昆虫。由于该目昆虫体表的刚毛和刺等为重要的分类依据，而有些种类身体小且柔软或足细长，因此最好用较小的毒瓶单独毒杀。

直翅目昆虫：如蝗虫、蚱蜢、螽斯和蟋蟀等。它们通常栖息在草地上，多数善跳跃，徒手不易采集，可用扫网。最好的采集方法是在早晨或雨后露水较大时捕捉，或在晚间循着鸣声用手电筒采集。直翅目昆虫需要较长的毒杀时间。

膜翅目昆虫：包括各种蜂类和蚂蚁。一般用网捕。中、大型具螫刺的蜂类捕入昆虫网后，应先隔着网将其弹晕，再放入毒瓶中，以免被螫伤。小型的蜂类应单独放在较小的毒瓶中毒杀。

微小昆虫：如小蜂类、蚊、蚜虫和跳虫（潮湿的土壤中）等可直接放入盛有 70%乙醇的微型指管中保存。鳞翅目和鞘翅目昆虫的幼虫亦可直接用 75%乙醇保存。

（2）昆虫标本的制作

① 常用的工具

昆虫针：是一头钝、一头尖锐的不锈钢特制针，用于针插固定昆虫。其长约 38 mm，由细到粗有 6 种型号，分别是 0、1、2、3、4 和 5 号；0 号最细，直径为 0.3 mm，每增加一号，直径就增加 0.1 mm，5 号最粗，直径为 0.8 mm，可根据昆虫的大小选择适当型号的昆虫针。00 号（微针）与 0 号粗细相同，但仅为 0 号长度的 1/3，用于微型昆虫的固定。

三级台（附图 2a）：为一个分 3 级的长方形木质台板（长 120 mm、宽 40 mm、高 24 mm），每级 8 mm。各级中央有一上下贯通的可插入昆虫针的小孔，昆虫针插入小孔后的位置可助于分别定位标本、采集签和鉴定签在昆虫针上的标高。

回软缸（还软箱）：是将干制的昆虫标本软化的密闭容器。如果采集的昆虫标本放置了一段时间已有些干燥硬化，无法进行制作，应回软处理再展翅，以免损伤触角、翅和附肢。回软时，在回软缸底部注入蒸馏水，可滴加数滴甲醛防止霉菌生长。将标本架在容器上部（其下铺滤纸或纱布）直至软化到翅可以活动，通常需要一至数日。刚刚采集的昆虫，如马上制作成标本，可不必回软。

其他：展翅板（附图 2b）、整姿台、大头针、透明纸、注射器、镊子、剪刀、脱脂棉、乳胶、采集标签、铅笔和昆虫盒等。

② 标本的制作（附图 3）

针插：不同目的昆虫，针插的位置略有不同。鞘翅目昆虫针插在右鞘翅内前方，使针从中足和后足之间穿过；半翅目昆虫针插在中胸小盾片中部偏右侧；直翅目昆虫针插在前胸背板后方偏右侧；蜻蜓目、鳞翅目、双翅目和膜翅目等目的昆虫针插在中胸背板中部。微小昆虫则采用重插法，用 00 号昆虫针扎入昆虫的腹部正中，将其另一端插入一长方形小软木的右侧上，再用普通的昆虫针穿过软木的

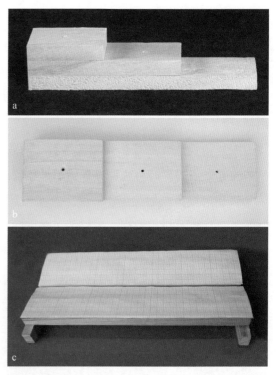

附图 2 三级台侧面（a）、俯视（b）和展翅板（c）

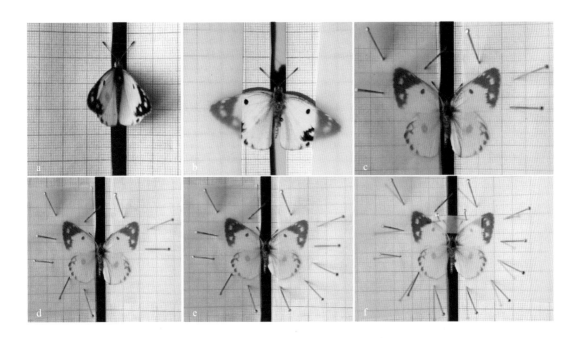

附图 3 蝴蝶标本的制作过程

左侧。亦可用一较硬的三角形纸片（底 1.8 mm× 高 8 mm）代替小软木，昆虫针从宽的一面穿过，微小昆虫的腹部沾少量胶水粘于另一端的顶部。针插时要注意：昆虫针插入时一定要与虫体的长轴垂直；昆虫在昆虫针上的位置要一致，从虫体的背部到针上端为 8 mm，通常将插有虫体的昆虫针倒置插入三级台第一层的底部，用镊子将虫体向下移，直到其背部触及三级板。

整姿和展翅：针插后，对于鞘翅目、半翅目、直翅目、双翅目和膜翅目昆虫，以及身体细小的昆虫，将其触角和附肢稍加整理即可。对于大型的昆虫，应取出其腹部的内含物并整姿。以蝗虫为例，沿腹部侧板剪开一约 1.5 cm 的开口，取出内脏，用棉花清洁一下，再用洁净的棉花填充。在整姿台上将附肢依次摆放好，用大头针固定；再用大头针将其头部、触角和腹部架起。当虫体干燥后，可与其生活状态相似，便于观察和分类等工作。鳞翅目和蜻蜓目的昆虫翅较发达，需要展翅。展翅时将虫体固定在展翅板的槽中，使其翅基部与展翅板平行。用昆虫针轻轻分别挑起前、后翅基部粗大的翅脉，使翅展开，展开的原则是两前翅后缘成一直线并与虫体的长轴垂直。边展翅边用透明纸条将翅压住，并用大头针固定（注意不要将大头针扎在翅上）。大型的蝶、蛾类最好在其腹部下面垫一棉球，以免干燥过程中腹部下垂。蜻蜓的腹部细长，干燥时易弯曲或折断，可在展翅之前从其基部的节间将腹部断开，插入一细棍，前端达其胸部，后端近其腹部末端，插好后将断开处轻轻套叠即可。避光、阴干一周左右即可上签。其间注意防尘、防虫。

填写采集标签：一个有科学价值的标本必须有采集标签。标签尺寸为 15 mm × 10 mm，此标签应用铅笔或绘图墨水笔写明采集地点（省 - 县 - 镇，能标出经纬度更好）、海拔、采集时间（年 – 月 – 日，用阿拉伯数字）及采集人。在针插标本后，立即上签。标签在昆虫针上的位置可由三级台的二级来决定：将写好的标签放在三级台的第二层上，手持插有虫体的昆虫针上端，透过标签纸右侧中部将昆虫针徐徐插入第二层的底部。

保存：昆虫完全干燥后，应移入昆虫盒中，并将其放入密闭的柜子中保存。在盒和柜子中要放入樟脑或其他防止虫蛀的药品，并不断添加。

附录 Ⅱ　实验动物的标本制作

1　浸制标本的制作

浸制标本是采用保存液防腐的生物标本。许多无脊椎动物，以及鱼类、两栖动物和爬行动物等小型整体和解剖标本常用浸制的方法保存。浸制标本可保持动物外部形态和内部结构的完整，并可长久保存。

（1）无脊椎动物整体浸制标本的制作

无脊椎动物种类繁多，既有躯体柔软的动物，又有体被硬壳的动物，还有躯体具有较强伸缩性的动物。在制作标本时处理方法也有所不同。

① 躯体柔软的动物

躯体柔软的动物如扁形动物门中的涡虫，可用 10 g/L 铬酸溶液处死。为防止其身体发生卷曲，可将标本用毛笔挑在条形玻璃片上展开，其上再放另一玻片，把动物夹在中间，用线缠上，松紧适度。注意勿伤及动物。再放入 10% 甲醛溶液中，经 12 h 固定后，得到平展的标本，移入 5% 甲醛溶液中保存。对于华支睾吸虫等，也可采用此法进行浸制。

② 身体容易伸缩的动物

为防止动物因处理而产生收缩，常采用下列方法进行制作。

a. 麻醉法　一般采用乙醇、硫酸镁、薄荷脑、乙醚等麻醉剂先行麻醉，待动物深度麻醉后，再浸入保存液中保存。

薄荷脑麻醉法：将具有触手的腔肠动物（如海葵）放入盛有海水的玻璃容器内，使其距离水面 1 cm 左右，待其全部伸展后，将薄荷脑粉末轻轻洒在水面上成一薄层（或以纱布将薄荷脑包起，用细线缠成直径约 1 cm 的小球，将纱布球轻轻放在水面上），放置一段时间后（约 1 h），待所处理的动物已完全处于麻醉状态（用解剖针触动动物的触手，完全无反应）后，即可向容器中倒入甲醛溶液至其体积分数达10%时为止。最后将已固定的标本转入7%甲醛溶液中保存。

乙醇麻醉法：用95%乙醇逐滴加入培养有关动物的水体中，使其达到10%左右的体积分数，经数小时后，用针刺动物，见无反应时，迅速将它浸入80%乙醇内保存，或浸入10%甲醛溶液中固定。线形动物及环节动物的标本制作可采用此种方法。

b. 窒息法　将欲处理的螺类放入玻璃瓶中，加满清水不留空隙，再盖紧瓶盖，使瓶中没有空气存留。经数小时后，可见其头部与足部伸出壳口，如触之无反应时，即用10%甲醛溶液或80%乙醇固定，之后于7%甲醛溶液保存。

③ 体被坚硬外壳的动物

体被坚硬外壳的动物如软体动物中的双壳类，可直接放入80%乙醇中保存；大型种类如河蚌，可将其洗净，放在大型器皿中，加水，逐渐加热至40~50℃，其两壳即张开；在两壳之间夹以1 cm左右的木块，放入10%甲醛溶液中保存。贝壳有光泽的种类最好用80%乙醇固定保存，以免失去光泽。

（2）脊椎动物浸制标本的制作

① 鱼类浸制标本的制作

整理姿态：选取外形完好个体，处死后用纱布包好。制作标本时要用清水将鱼体表的黏液冲洗干净（勿损伤鳞片）。用注射器从腹部向鱼体内注射10%甲醛溶液，以固定内脏，防止腐烂。然后将鱼的背鳍、胸鳍、臀鳍和尾鳍展开，用纸板及曲别针加以固定。把整理好的标本侧卧于盘内。鱼体向盘一侧可适量放些棉花衬垫，特别是尾柄部要垫好，以防标本在固定过程中变形。

防腐固定：加入10%甲醛溶液固定，待鱼硬化后取出。

装瓶保存：用适当大小的标本瓶（标本瓶要长于鱼体6 cm左右，以便贴上标签后仍能从瓶外看到完整标本），将固定好的鱼类标本头朝下放入。对于珍贵的或小型鱼类，可根据标本瓶的内径和高度截一玻璃片，将标本用两条丝线分别从鳃盖骨后缘体侧和尾柄部穿入，缚扎在玻璃片上。用橡胶瓶塞或软木塞剔好小槽做成4个玻璃片固定脚，分别嵌在玻璃片两侧，将玻璃片和标本缓缓装入标本瓶内。最后将7%甲醛溶液倒入瓶内至满，盖严瓶盖。

贴标签：将注有科名、学名、中文名、采集地、采集时间、虹膜颜色、体色、性别的标签贴于瓶口下方。标签要在鱼体正面，可在标签上用毛笔刷一层石蜡液，以防标签受损后信息丢失。

② 两栖类和爬行类浸制标本的制作

整理姿态：首先进行测量，填写标签。把活的蛙、蜥蜴、蛇、龟等动物放入大小适宜的标本缸或厚塑料袋内，用脱脂棉浸透乙醚或氯仿放入其中，盖严缸盖或封紧袋口，使动物麻醉。待致死后，清理表面，对眼、肢体、皮肤进行外观整形，按对称姿态摆放。体型大的标本应事先在体内注射 10% 甲醛溶液。

固定保存：与鱼类标本的固定保存方法相同。个体中等或较小的标本应头朝上绑于玻璃板上，使外形结构易于观察且展示性强，然后放入瓶中保存。

③ 解剖标本的浸制制作

解剖标本的制作目的是观察内脏，应按解剖的一般方法除去体壁，以露出要展示的某一器官系统，小心地除去不需要的部分，保持其自然位置，然后浸泡于 10% 甲醛溶液中固定。还要标明各器官名称，可将打印好的小字签（或用铅笔书写），用胶贴在各器官上，待粘牢晾干后，浸入 7% 甲醛溶液中保存即可。

（3）浸制标本长期保存时应注意的问题

① 对于新制作的浸制标本，经过一段时间，溶液会变黄或混浊，是动物体内的浸出物所致。根据情况适时更换防腐液几次，直到浸液不再发黄为止。

② 要注意浸制液的浓度。当打开标本瓶，能嗅到较强烈的气味时，表明浓度恰当。若无任何气味，则表示浸制液的浓度不够，须立即更换。建议每 3 年更换一次保存液。

③ 密封瓶口，以防药液挥发。用封口膜、甘油或石蜡熔化后封瓶口。当标本不能全部浸在保存液中时，应及时添加药液，否则露出部分会变干、变形，甚至发霉变质。

2 剥制标本的制作

剥制标本是将动物的皮肤连同皮肤外的衍生物一同由躯体上剥下来，再根据动物的原形，缝制成标本。通常鸟类和哺乳类的标本用此法制作。根据不同的要求，剥制标本有两种类型。一种是陈列标本，又称生态标本，要求制成动物生活时的姿态；另一种是科研标本，又叫假剥制标本。下面以小型鸟类及鼠类为代表，简单介绍假剥制标本的制作方法。

（1）鸟类假剥制标本的制作（以家鸽为例）

① 测量记录

科研及教学用标本在剥制前应进行测量，测量内容主要有体重、体长、翅长、尾长、跗跖长、嘴长、性别等。还有采集地、采集日期、采集人和采集编号等，数据填入鸟类标本专用标签上备用。

② 剥皮

使鸟仰卧于解剖盘中，向嘴和肛门内塞入少许棉花，防止污液外溢。用手或解剖刀分离胸部羽毛，使皮肤露出，随后用解剖刀沿胸部前端正中至胸部龙骨突后缘纵剖，只划开皮肤，不要切到肌肉。然后将皮肤向两边分离，直到两侧腋部。用镊子拉出鸟颈，使之与皮肤脱离，然后用骨剪剪断颈部。在剥皮过程中，如遇出血和脂肪过多，可撒些石膏粉或滑石粉去污。

左手拿起连接躯体的颈部，右手按着皮缘慢慢剥离肱骨和肩部之间的皮肤，用剪刀将肱骨与躯干部连接处剪断；然后再剪断另一侧肱骨，使两侧翅膀与身体分离；继而沿背部向下剥向腰部。

在剥至腰部荐骨处要特别小心，因这里皮较薄，且羽轴紧附于荐骨上，极易造成皮肤撕裂，需用解剖刀轻轻地贴近荐骨刮离皮肤。在剥腰背部的同时，相应地也向腹侧剥离，直到腹部和腿部露出。

用骨剪在股骨和胫骨之间剪断，使腿部与身体分离，再向尾部剥离。剥至尾时，宜用骨剪剪断肛门与尾基，使尾部与身体分离，皮上若附有脂肪或肌肉，应一同除净。此时，鸟类的整个躯干胴体与皮肤已分离。

③ 去除肌肉

四肢肌肉的去除：先清理翼上的肌肉，用一只手拉住肱骨，另一只手将皮肤慢慢剥离。当剥至尺骨时，因次级飞羽羽根牢牢长在尺骨上较难剥离，可以用拇指紧贴尺骨将皮肤推下，一直剥至尺腕关节处，再把肱骨和尺骨上的肌肉清除掉。随后开始剥腿部，一直剥到胫部和跗跖之间，去掉胫骨上的肌肉。

头部肌肉的去除：左手捏住已脱离了皮肤的颈部，右手将颈部由皮肤内向外拉，使头部外翻，待膨大的头部显露时，须细心操作，以防皮肤破裂。应以拇指按着头部皮缘慢慢剥离。到耳孔处，用解剖刀切断外耳道与头骨间的连接。然后将皮剥至眼部，用小剪刀沿眼的四周轻轻剪开。不要剪破眼睑，直至剥到嘴基。然后沿枕骨大孔处剪去颈部，剔去上、下颌的肌肉和舌，用镊子去除眼球，用剪刀将枕骨大孔扩大，以棉花裹住镊子清除脑髓。

整体检查：待全部剥完后，整个鸟皮已翻出。此时应剔净残存的肌肉和脂肪，否则以后会渗出油脂，污染鸟羽，影响美观，同时也容易受虫蛀。

④ 防腐和防虫处理

可以选择以下 3 种防腐剂中的一种使用。

溴氰菊酯防虫膏：溴氰菊酯粉剂或原液（稀释 250 倍），与皂液或甘油混合制成膏剂。

硼酸干粉：用于涂抹内部皮肤表面。

⑤ 填装

用棉花搓成与眼窝大小相当的小球塞入眼窝，翅和腿部也要缠裹棉花。取一根长度自脑颅腔至尾基部的竹签，前端卷些棉花并插入颅腔中。用一手捏住喙尖，慢慢将头部翻出。将竹签的后端削尖，从尾基插入，直接插到头骨枕骨大孔固定。并用棉花从颈至腹部依次填塞，使鸟体的形状恢复原有的饱满状态。

⑥ 缝合及整形

用小针和棉线将切口处皮肤缝合。缝时针先从皮内穿出，再由对侧皮内向外穿出，缝好后打结，将腹面羽毛理顺并盖住缝合线，将双翅紧贴躯体。用刷将羽毛刷净，再用镊子将羽毛调顺复位，两足平行后伸摆放。最后用一层薄棉将整个标本裹起来固定。每日整理，待标本阴干、羽毛定位后，取下外包棉花。假剥制标本做好后，应体型略呈背面平直，胸腹部丰满，颈部稍短，脚、趾舒展为宜。

⑦ 系标签

标本做好后，将备好的标签用双线系在左腿上。

（2）小型兽类假剥制标本的制作（以鼠为例）

① 测量记录

将已处死的动物以自然状态，腹部向上、头尾伸直进行测量。记录体重、体长、尾长、耳长和后足长，采集地、采集日期、采集人和采集编号等，书写于兽类标本标签上。

② 剥皮

将鼠体仰放在解剖盘内，用解剖刀自腹部正中、从胸骨后至肛门前端切开皮肤，勿伤及腹部肌肉，以免内脏外流污染毛皮。用手指将腹部肌肉和皮肤剥离。继而向两侧、背部及后肢腿部扩展剥离，并在膝关节处剪断，去除小腿骨上的肌肉。再把生殖器、直肠与皮肤连接处剪断。清理尾基部周围的结缔组织，用手指轻轻揉搓尾巴，使皮与肌肉松动，然后左手指紧卡住尾基部皮缘，右手指紧拉尾椎，即可抽出尾椎骨。再向前将躯干部分的皮翻转到前肢，在肘关节处剪断。清除前肢上附着的肌肉。再剥至头部。小心地剪断耳基与头骨的相接处。再向前剥离至眼部；用解剖刀紧贴眼眶边缘切割，切勿将眼睑割破。继续向前剥离上、下唇，并在鼻尖软骨处切断。至此，胴体与皮肤脱离。清理残留在皮上的肌肉和脂肪。

③ 皮张鞣化

有些大型动物标本需要皮张鞣化。将皮张置入回软液（1 L 水中加入 44 g 氯化钠、

22 g 氯化铝和 22 g 硫酸铵）中至完全柔软，再于浸泡液（1 L 水中加入 22 g 柠檬酸和 120 g 氯化钠）中浸泡 3~5 天，使其膨胀（干皮张浸泡 5~7 天）。浸泡过程中搅动多次，皮张完全膨胀后，取出刮薄。皮张经浸酸处理后，浸入鞣制液（1 L 水中加入 120 g 碳酸钠）使其延展。然后再浸酸，再鞣制。同样处理 2~3 次。一般每次需要浸酸 30 min，鞣制 30 min。从鞣制液中取出皮张，阴干排出水分。

④ 装填

先在保留的四肢上填充一些棉花，代替除去的肌肉。准备两根竹签，一根与体长相等的竹签上卷上棉花，粗细与剥下的躯体相仿。将棉花假体前端对准皮筒的头部前端，翻转皮筒，使之复原。另削一根粗细与尾椎骨相似，但要比尾巴长 3 cm 左右的竹签，涂上防腐剂，轻轻插入尾内，其多余部分放置在假体的腹面。

⑤ 缝合及整形

填充好标本以后进行缝合。由前向后，每针都是由皮内向外方穿出，最后将皮肤的切口完全缝合起来。顺毛向整理耳部、眼睑及体毛，前足前伸，位于躯干下面，后足向后拉直，位于尾的两侧。尾部要压在下面，臀部高耸。将标本用线固定在硬纸板上，将标签系在左后肢上。

最后，将头骨置于沸水中，至肌肉可从骨上剥下时即取出。剔除肌肉、脑髓，将头骨漂白，系于标本的右后肢上。标本放在避光通风处阴干。

3　骨骼标本的制作

各类脊椎动物骨骼标本的制作有不同的特点，但其制作步骤基本相同。现以牛蛙及家兔为代表介绍骨骼标本的一般制作方法。

（1）骨骼标本制作所需材料

标本缸、解剖盘、解剖器、电磁炉、大烧杯、台板、棉线、脱脂棉、乙醚、三氯甲烷、氢氧化钠或氢氧化钾、汽油、过氧化氢、乳胶、牙刷、电钻、铁丝、注射器等。

（2）牛蛙骨骼标本的制作

① 处死

选择体型大而完整的成体牛蛙，放入标本缸中用乙醚或三氯甲烷深度麻醉致死。

② 剔除肌肉

用剪刀剪开腹部皮肤，注意不要剪坏剑胸软骨。然后向两侧剪开，分别向前、后四肢各方向拉下皮肤，要小心不要拉断指（趾）骨。剪开体壁，取出全部内脏。把左、右上肩胛骨的肌肉从第2、3椎骨横突上剥离，左、右前肢与肩带之间不要分开，仍借助韧带保持相连。剔除前肢肌肉时，用镊子夹住前肢并放入开水中煮烫，以利于剔除。但时间要短，避免骨连接处分离。尤其是指（趾）骨部位，只需在开水中蘸一下即可，否则韧带收缩，指（趾）骨弯曲，给整形带来困难。去除指骨肌肉时，也可先将指骨摆放在载玻片上，用细线缠紧再放入开水中，以防卷曲或脱落。在股骨与腰带连接处取下后肢，按前肢处理方法剔除肌肉。将头部和脊柱先在开水中稍煮一下，然后剔除其肌肉。去掉眼球，从枕骨大孔处用镊子清除脑髓，并用清水冲洗。骨骼上不易剔除的碎小肌肉，可用刷子刷洗，直到清除干净为止。对薄而小的舌骨，应仔细清除肌肉，然后夹在两片载玻片之间，用线缠紧，自然干燥。

③ 脱脂

将骨骼浸泡在 5 ~ 8 g/L 氢氧化钠溶液中 1 ~ 3 天，去除一些难以除去的肌肉，脱去骨骼中的油脂。在浸泡过程中应经常检查，以防骨骼脱散。最后将所处理的标本取出，在清水中漂洗干净。

④ 漂白

用 0.5% ~ 1% 过氧化氢漂白 30 min，或用 10 ~ 30 g/L 漂白粉水溶液浸泡 1 ~ 3 天。浸泡时间应灵活掌握，主要看骨骼是否已经变白，变白后马上捞出。否则，骨表面会被腐蚀，轻者骨骼变得粗糙，失去骨骼的光泽，重者骨骼外轮廓变小、失真。捞出的骨骼用清水冲洗干净并晾干。

⑤ 整形和装架

取一块泡沫塑料板，将骨骼放在上面。整形时，把躯体和四肢的姿态整理好并按各部分骨骼相应的位置用大头针固定，以免在干燥过程中变形。离散的骨骼可用乳胶将其粘连起来。两块上肩胛骨应附着在第2、3椎骨横突的两侧，头部略抬起呈倾斜状，前肢的腕骨和后肢的趾骨可用乳胶粘在台板上。骨骼标本制成后，装入标本盒中保存。

(3) 家兔骨骼标本的制作

① 处死

用空气栓塞法处死家兔后，剪断颈动脉，放血，以免淤血积于骨髓中，使骨骼不易漂白。

② 解体

将家兔的皮肤自腹面剪开，然后使其和躯干肌分离，最后将皮肤完全剥下，注意不要损坏尾椎骨。剪开腹壁，去除内脏，此时需注意保护肋骨，尤其是软肋部分。初步去掉四肢及其他部位的大块肌肉。去肉过程并无一定次序，但应注意勿损伤各关节之间的韧带。将尸体分解成头部、躯干部和附肢部。在分开头部和躯干时，先把两者间的肌肉剥除，找到枕髁和寰椎的关节部位，割断彼此间的韧带，即可达到分离的目的。此时注意保留锁骨，以免丢失或损坏。

③ 剔除肌肉

头骨上的肌肉不易剔除，可将头骨稍煮。在热水中浸煮的时间应根据不同部位的骨骼分别对待，如不熟练，可试探性地进行，切勿粗心，以防骨片久煮而全部分散。家兔四肢骨中的腕骨、掌骨、指骨、跗骨、跖骨、趾骨等部位，以及肋骨的肋软骨部分都不宜在沸水中久浸。骨面凹凸不平部位的碎小肌肉，可用牙刷洗刷，以便清除干净。剔除肌肉时，注意不要把髌骨失落。

脑和脊髓必须除净，去脑时可先用镊子或解剖针自枕骨大孔插入，将脑捣碎，然后再用镊子卷一团棉花通入颅腔，把脑挤出，最后用清水冲洗。除脊髓的方法可用小镊子分段自椎间孔中取出，或用细长的小刷伸入椎管中来回刷洗，直到清除干净为止。

长骨中的骨髓也必须去掉。清除的方法是先在长骨的两端各钻一孔，用注射器吸满水自一端注入骨髓腔中，骨髓则从另一孔中随水流出，经几次冲洗，大部分骨髓可以除净。此项工作应较早进行，时间久了骨髓会和骨骼黏结在一起。剥净后的骨骼可用清水冲洗。如有剥散的小骨片，要注意保存，留待以后装置时复原。

④ 腐蚀和脱脂

腐蚀和脱脂的目的在于将不易剔除的残留肌肉去掉及除去骨骼中的脂肪，以免在长期保存中骨骼发霉及变黄。将骨骼浸于 7 ~ 9 g/L 氢氧化钠溶液中数日，应随时观察腐蚀的情况，残留在骨骼上的肌肉膨胀成半透明状态，把骨骼取出用清水冲洗，再剔除残留肌肉。在浸泡过程中，经常拿出用水冲洗，直到完全剔除干净。最后，将骨骼浸泡在汽油中脱脂 7 ~ 10 天。用汽油作脱脂剂时，容器应密闭，以防汽油挥发。用到一定时候的汽油，因脂肪已达饱和状态，这时应更换汽油，确保去脂效果。

⑤ 漂白

将骨骼浸在 10% 过氧化氢中 1 ~ 2 天。漂白时间取决于标本的大小及当时的气温。以漂到洁白为度，时间不宜过长，否则较小的骨片易脱落。注意骨骼整体颜色一致。漂白后取出，用清水冲洗干净并晾干。

⑥ 整形和装架

先用一根粗细适宜的铁丝，前端打结缠上棉花，蘸些乳胶，从头骨的枕骨大孔处插入颅腔固定。然后把另一端由颈椎经胸椎穿入尾椎，穿的时候要注意随体型自然弯曲。头骨的下颌可用 2 条自制的小弹簧钩在眼眶上方，这样下颌就可以上下活动了。再用较细的铁丝或细铜丝按原距离把浮肋联结起来，末端固定于腰椎上。将四肢骨两头钻孔，而后将铁丝插入，穿连起来。前肢连于肩胛骨上，再将肩胛骨用细铁丝和第 1 肋骨连接。后肢从髋臼处用已穿入后肢内的铁丝和腰带相连接。注意尽量掩藏外露的铁丝，也可将铁丝事先刷上白漆，保持标本整体美观。当整个骨架连好以后，放置在台板上。用 2 根长短适宜的不锈钢棒支撑整装标本，一根固定在颈椎后部，一根固定在腰椎上。前、后肢关节应自然弯曲，将穿入四肢骨的铁丝下端固定在台板上。

4 血液循环注射标本的制作

向动物的血管内灌注带有颜料的填充剂，使血管保持饱满的形状和一定的颜色，以显示血管的分布，这是解剖脊椎动物循环系统时经常采用的方法。

在注射之前，应了解该动物心脏的结构及血管分布特征，以保证注射工作顺利进行。注射时，一般向动脉注射红色染料，静脉注射蓝色染料，门静脉注射黄色染料。

（1）注射色剂的配制

注射色剂的种类很多，现仅将常用注射色剂的配制方法介绍如下。

① 明胶（动物胶）25 g，银珠或柏林蓝或铬黄 10 g，水 100 mL。

先将明胶捣碎成小片，按上述比例加水浸泡 3~4 h，待充分软化后，在水浴锅中隔水加热，使明胶全部溶化。加入色料，用玻璃棒搅拌均匀。然后用双层纱布过滤后即可使用。

② 明胶 1 份，重铬酸钾 5 份，乙酸铅 5 份，水 4 份。

将明胶与重铬酸钾同水融合，在水浴锅中隔水加热至接近沸点，然后加入乙酸铅并搅拌均匀。关于色剂的黏度，可取一滴胶液在玻璃板上，使其能缓慢流动即可。

③ 淀粉（细粉粒）4 份，2% 水合三氯乙醛（即水合氯醛）4 份，95% 乙醇 1 份，色料 1 份。

将前 3 种先混合调配后，再加入色料，继续调和至均匀即可。

④ 丙酮 100 mL，赛璐珞 30 g，银珠 2 g。

将赛璐珞加入丙酮中溶解，再加银珠搅拌均匀。丙酮易挥发，在使用中注意补充丙酮。

（2）灌注工具

烧杯、水浴锅、玻璃棒、注射器、7~9 号针头、棉线、解剖盘、解剖器、麻醉剂

（乙醚或三氯甲烷）。

（3）牛蛙血管注射方法

将牛蛙放在玻璃缸中，将脱脂棉用乙醚浸湿后放入缸内，待蛙深度麻醉后取出，为了保持它的体温高一些，可放入温水中。注射前取出，放入解剖盘内。将腹面皮肤由后向前剪开，再沿着腹部偏蛙体的左侧（避开紧贴在腹壁内侧正中线上的腹静脉）向前剪开腹壁，一直剪到肩带，并剪断肩带的锁骨及乌喙骨。

① 动脉注射

剪开围心腔膜，提起心脏，用一棉线结扎动脉圆锥的基部，以隔断动脉圆锥和心室的通路。另备一棉线，留待针头抽出后结扎用。针头自动脉圆锥处刺入，注射色剂（3~5 mL，依蛙体大小而定），推力要适度，压力过大会造成血管爆裂；压力小则远端易堵塞。待肠系膜或四肢远端皮肤的小血管充满了色剂，即停止注射，抽出针头并结扎。注意保持四肢处于伸展状态。

② 静脉注射

先用棉线把静脉窦结扎起来，然后翻转腹部肌肉，可见腹静脉。穿好 2 条棉线，将左手食指垫在腹静脉下，再将针头自两棉线之间刺入，注射完前部，再注射后部。待胃壁或皮肤的静脉充满色剂即可抽出针头，结紧线圈。色剂如未到达前肢血管，可自前大静脉或其分支补充注射。静脉系统的注射量一般为 7~8 mL。

（4）家兔血管注射方法

将家兔用乙醚麻醉致死，放置在解剖盘内。必要时，可用纱布或棉花蘸热水覆盖在家兔表面。注射时应使动物体保留一定的温度。

① 动脉注射

股动脉部位注射：自左侧后肢股部内侧剪开皮肤，剥离周围结缔组织，显现出 2 条血管，即股动脉和股静脉。用镊子细心地将股动脉分离。取一段线在血管下面穿过，插入针头并把针头连同血管一起扎紧。用注射器吸取色剂后，套上针头进行注射。注射时速度不宜太快，避免压力过大，直到耳部血管呈现着色时，停止注射，拔出针头，扎紧血管。如果血管已被针头穿破，可由另一侧股动脉补充注射，或自兔的左侧第 7~9 肋骨处剪一开口，使心脏露出，自左心室补注色剂。

颈总动脉部位注射：颈总动脉位于颈部气管和食管的两侧，呈淡红色。用镊子分离出一段颈总动脉，插入针头以线扎紧，注射色剂，直到腹部皮肤呈现着色为止。停止注射，拔出针头，扎紧血管。

② 静脉注射

股静脉部位注射：与股动脉注射方法相同，用线从血管下面穿过，插入针头，先缓慢地抽出部分静脉血，再注入色剂，直到耳部静脉呈现着色即可。

颈静脉部位注射：与颈总动脉注射方法相同，剥离出颈外静脉，插入针头，先抽出部分静脉血，以减少静脉血管内的压力，然后再用注射器注入色剂，直到后肢静脉血管呈现着色，停止注射并拔出针头，扎紧血管。

③ 肝门静脉注射

剪开腹壁，抽出一段小肠，拉开肠系膜，沿小肠静脉找到肝门静脉，在肝门静脉基部穿入棉线并扎紧，防止色剂经肝静脉进入后大静脉。在肠系膜处找寻较大的静脉注入色剂后用线扎紧血管。

(5) 血管注射应注意的事项

① 注射前应检查针筒是否干净，针头是否畅通，注射后应立即洗净注射器。

② 解剖时注意不要损坏大的血管，以免注射剂从破损处溢出。

③ 注射明胶作填料的色剂时，色剂必须始终隔水加温，保持其融解状态。动作应快而准确。被注射的动物体，尽可能在其体温尚未散失时进行，避免色剂在注射过程中遇冷而凝结。在室温较低时，可将动物体浸泡在温水中 15 min，或适当降低明胶的含量。

④ 双色注射时，一般是先注射动脉，再注射静脉。注射静脉前必须抽出部分静脉中的血液，以免注射时涨破血管。

⑤ 针头正确刺入血管是注射操作的关键。应事先把该血管周围的组织分离，使血管完全暴露。注射针头可稍磨成圆刃以免将对侧血管壁穿透；要用针尖轻轻挑起一点血管壁，顺血管方向平直刺入，争取一次完成。刺入时由远端向近端逐次进行，可以补救操作的失败。

⑥ 针头尽量选用大一点的，以确保注射时针头畅通。如针头被阻塞，应另换针头。若多次阻塞，应过滤色剂。

⑦ 注射剂的用量应适当。检查方法是观察距注射部位较远端的小血管，或是看皮肤上的血管有无着色。

⑧ 用棉线结扎时，用力要适度，以免血管切断。

5　玻片标本的制作

常用的显微玻片标本制作方法有石蜡切片法和整体装片法两大类。根据对玻片标本不同的要求，又可分为临时玻片和永久玻片。下面简单介绍永久玻片的制作方法。

（1）石蜡切片法

石蜡切片法是以石蜡作为包埋剂的切片方法。其主要步骤有：取材、固定、冲洗、脱水、透明、浸蜡、包埋、切片、贴片、脱蜡、复水、染色、脱水、透明和封片。

① 取材　为了保持细胞和组织处于自然状态，处死动物要迅速，麻醉用药应不影响细胞和组织原状，一般材料的大小以边长不大于 0.5 cm 为宜，取材后立即投入固定液中固定。

② 固定　固定时，应根据所固定的组织类型、组织大小和与染色液等选择固定液。常用的固定液有如下两种。

卡诺固定液：无水乙醇、无水乙酸按体积比 3∶1 混合，固定 2～4 h。

布恩固定液：苦味酸饱和液、40%甲醛、无水乙酸按体积比 15∶5∶1 混合，固定 12～24 h，有软化组织的作用。

③ 冲洗　使用布恩固定液固定后，需要用流水冲洗 12 h，直至组织完全脱色。

④ 脱水　采用不同稀释浓度的乙醇逐级脱水，如 30%、50%、70%、80%、90%、95%、100%的乙醇，每一级 2～3 min，根据材料的大小适当延长时间。

⑤ 透明　由于脱水剂不能与石蜡互溶，使用透明剂的目的在于去脱水剂和溶石蜡。常用的透明剂有二甲苯、氯仿和香柏油等。

⑥ 浸蜡　石蜡填充到整个组织中的过程为浸蜡，动物组织通常选用熔点为 52～56℃ 的石蜡。浸蜡时，组织块分别浸在透明剂∶石蜡（1∶1）和两次纯石蜡中，温度控制在蜡的熔点范围内并恒温，每次 30～120 min。

⑦ 包埋　选择合适的容器（通常用较硬的纸叠成小盒作为容器），快速地放入组织块和掺有少许蜂蜡的石蜡，并立即放入冷水中。冷凝后的蜡块应为均质半透明的。

⑧ 切片　切片前应做好修整蜡块、固定蜡块和磨刀等一系列工作，按照要求调节切片的厚度，在切片机上进行切片。

⑨ 贴片　贴片用的玻片要十分洁净，上滴加一滴水，用蘸水的解剖刀背轻轻粘起切下的蜡片置于水滴上，将玻片放到 35℃ 左右的展片板上。待蜡片伸展后，倒掉或吸干多余的水分并进一步干燥。

⑩ 脱蜡　将玻片浸入二甲苯中 5～10 min 进行脱蜡。

⑪ 复水　按照与脱水相反的浓度梯度使细胞和组织逐级加水，从 100%乙醇，经过 95%、90%、80%、70% 到 50%乙醇，以便于水溶性染色剂的染色。

⑫ 染色　通过染色使组织按其结构染成一定的颜色，便于显微镜下的鉴别。染色的时间一般为 2～5 min，染色后用加有少量盐酸的 70％乙醇分色数秒至数小时不定。常用的染料有：

乙酸洋红：配制时将 1 g 或 2 g 洋红加入煮沸的 100 mL 45％无水乙酸中，加盖继续煮沸 1～2 h，冷却后过滤。

乙酸地衣红：配制方法同乙酸洋红。该染料不易褪色，染色后反差强。

Harris 苏木精液：100 mL 水中加入 10 g 硫酸铝铵（即铵明矾）煮沸溶解，加入溶于 5 mL 乙醇的 0.45 g 苏木精，继续煮沸 30 s，加入一氧化汞 0.25 g，搅拌使之氧化为深紫色，快速冷却，第二天过滤。

⑬ 脱水　梯度乙醇脱水，方法同前，可从 70％乙醇开始脱水。

⑭ 透明　切片经无水乙醇∶透明剂（1∶1）的试剂中过渡后，浸入纯透明剂中两次，材料进一步透明。

⑮ 封片　滴加适量的加拿大树胶，加洁净的盖玻片封片。

（2）整体装片法

此法适用于原生动物、水螅、涡虫、吸虫、绦虫节片、昆虫整体、昆虫外部器官和多细胞动物早期胚胎等。装片的固定、脱水和透明的步骤与石蜡切片法相同，透明后的材料直接封片。身体柔软的动物制作装片时，成功的关键是麻醉。如水螅，在表面皿中放入水和水螅，待其完全伸展时分几次加入少量薄荷脑结晶，直到用探针触动其触手不动时，方可加入固定液，麻醉时间有时需要数小时。

郑重声明

高等教育出版社依法对本书享有专有出版权。任何未经许可的复制、销售行为均违反《中华人民共和国著作权法》，其行为人将承担相应的民事责任和行政责任；构成犯罪的，将被依法追究刑事责任。为了维护市场秩序，保护读者的合法权益，避免读者误用盗版书造成不良后果，我社将配合行政执法部门和司法机关对违法犯罪的单位和个人进行严厉打击。社会各界人士如发现上述侵权行为，希望及时举报，我社将奖励举报有功人员。

反盗版举报电话　（010）58581999　58582371
反盗版举报邮箱　dd@hep.com.cn
通信地址　北京市西城区德外大街4号　高等教育出版社法律事务部
邮政编码　100120

读者意见反馈

为收集对教材的意见建议，进一步完善教材编写并做好服务工作，读者可将对本教材的意见建议通过如下渠道反馈至我社。

咨询电话　400-810-0598
反馈邮箱　gjdzfwb@pub.hep.cn
通信地址　北京市朝阳区惠新东街4号富盛大厦1座　高等教育出版社总编辑办公室
邮政编码　100029

防伪查询说明

用户购书后刮开封底防伪涂层，使用手机微信等软件扫描二维码，会跳转至防伪查询网页，获得所购图书详细信息。

防伪客服电话　（010）58582300